国家自然科学基金
“基于彩色相机的水下物体表面光谱反射率重建方法研究”
（项目编号：61605038）

硬拷贝输出设备色彩特征化的原理及应用研究

YINGKAOBEI SHUCHU SHEBEI SECAI TEZHENGHUA DE YUANLI JI YINGYONG YANJIU

杨萍 著

中国纺织出版社有限公司
国家一级出版社
全国百佳图书出版单位

内 容 提 要

本书紧扣跨媒体颜色复制流程中的核心知识，重点论述了硬拷贝设备的呈色原理、设备色彩校准技术及设备色彩特性描述方法，力求反映颜色复制领域研究的新进展，阐明新的研究手段与原理。

本书主要内容包括绪论、色彩描述和色彩管理的原理、设备色彩特性描述的方法、硬拷贝输出设备色彩特性化的技术实现、结论，可供从事颜色科学及相关的计算机视觉分析、色彩视觉、颜色科学与工程、印刷工程等学科的研究人员参考使用。

图书在版编目（CIP）数据

硬拷贝输出设备色彩特征化的原理及应用研究 / 杨萍著. -- 北京：中国纺织出版社有限公司，2019.9

ISBN 978-7-5180-6447-2

Ⅰ.①硬… Ⅱ.①杨… Ⅲ.①复制设备—色彩学—研究 Ⅳ.①TB852

中国版本图书馆 CIP 数据核字（2019）第 155656 号

责任编辑：宗　静　　责任校对：寇晨晨
责任印制：何　建

中国纺织出版社有限公司出版发行
地址：北京市朝阳区百子湾东里 A407 号楼　邮政编码：100124
销售电话：010—67004422　传真：010—87155801
http://www.c-textilep.com
E-mail:faxing@c-textilep.com
中国纺织出版社天猫旗舰店
官方微博 http://weibo.com/2119887771
北京玺诚印务有限公司印刷　各地新华书店经销
2019 年 9 月第 1 版第 1 次印刷
开本：710×1000　1/16　印张：11
字数：200 千字　定价：88.00 元

前言

随着数字图像设备在生活和科研领域的广泛应用，彩色信息的交换频度日益增强。色彩管理涵盖了色彩信息的获取、显示和输出的各个阶段，包括了图像输入设备（如彩色扫描仪、数字相机）、图像显示设备以及硬拷贝输出设备（如打印机、印刷机）之间色彩特性的相互转换。

在目前的跨媒体彩色图像复制流程中，各类设备之间色彩信息的描述仍未能统一，各种设备都具有各自的色彩模式，从而导致了不同设备之间进行色彩信息传递时，必须要进行不同的色彩信息变换。因此，建立各个设备色彩描述的标准，即对色彩相关的软拷贝设备、硬拷贝设备进行标定，并将其色彩特征记录于文件之中，从而可以预测与控制各种设备在不同环境下的色彩再现。归纳来说，对设备准确的色彩特征化是实现跨媒体颜色保真再现的基础。针对硬拷贝输出过程中使用的介质材料类型多、工艺流程复杂等难题，本书着重对硬拷贝输出设备色彩特征化进行理论探讨和应用分析。

本书共分五章：第一章在详细阐述色彩管理的基本概念、基本内容和涉及领域的基础上，对传统色彩管理和ICC框架下的现代色彩管理做简要的介绍。第二章详细介绍色彩描述系统，以及输入设备、显示设备和输出设备的呈色原理和特点。第三章阐述设备校准的方法、色彩特征文件的技术框架和建立方法，并重点分析了各种设备色彩特性化标版。第四章是在第二章和第四章的基础上，通过系统的理论研究、工业试验，结合国内生产实际要求，建立了一套适合于工业生产的输出设备校准和特性化的实施方案，并提出了一个基于中性灰再现能力考察、色差检测和色域对比的特征文件测评模型。第五章对色彩特征描述方法的理论和应用实例进行总结，分析了色差的来源，并给出改进的方案，最后探讨了未来发展的方向。

本书研究的理论与评测模型能够正确反映和评价色彩特性化结果，对设备色彩特性化过程的优化和改进具有良好的指导作用和应用价值。

本书的内容研究为国家自然科学基金“基于彩色相机的水下物体表面光谱反射率重建方法研究”（项目编号：61605038）相关成果。

本书的撰写得到了杭州电子科技大学王强教授、北京理工大学廖宁放教授的悉心指导与大力支持，在此衷心感谢。书中还引用了其他研究者的成果，在参考文献中均予以列出，在此向他们表示谢意。同时，对中国纺织出版社有限公司的编辑同志在本书的出版过程中所付出的辛勤劳动表示衷心感谢。

作者学识疏浅、水平有限，加之时间有限，书中难免有不当之处，敬请读者批评指正。

杨萍

2019 年 1 月

目录

第 1 章 绪 论

PART 1

随着数字化技术的飞速发展，印刷工艺正在发生着改变，不断引入数字化的技术，如数字印刷、直接制版以及数码打样技术等。各种数字化方式的采用使印刷中的色彩复制过程简单化，却使色彩控制的内容更为复杂。

在数字生产体系中，硬件设备种类繁多，呈色性能各异，其色彩管理始终是印刷专业人员研究与分析的热点和技术关键。目前，印前数字网络化、印刷多色高效化和色彩精确的高品质化是印刷市场追求的热点，因此基于数字化技术，突破色彩管理的瓶颈，实现彩色复制“所见即所得”具有极其重要的理论研究价值和广阔的工业应用前景。

1.1 色彩管理系统的建立与发展

色彩管理是传统色彩复制在印刷生产数字化中的新拓展，色彩管理所要解决的根本问题是使系统中输入、显示和输出设备在色彩信息获取、处理和再现时，尽可能保持视觉效果或色彩测量结果的一致。[1]

色彩管理系统经历了两个阶段的发展。其中以色彩控制为基础的传统色彩管理始于20世纪七八十年代的CEPS（彩色电子印前系统，Color Electronic Prepress Systems），可以实现图文编辑、单页排版和色彩控制等功能，但每个印前系统互相之间不能兼容，对色彩的表达不同。如果同一个文件在不同的印前系统输出，就会产生不同的结果。要实现颜色的准确复制，就必须为每一个输入设备和输出设备建立一个对应的转换关系。这种转换方法比较繁复，需要多个色彩转换程序，还不能保证同一原稿的颜色经由不同的输入、输出设备达到一致的颜色，如图1-1所示。

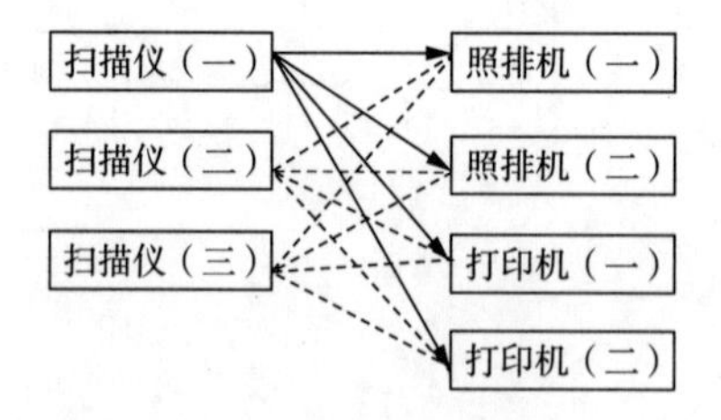

图1-1　传统色彩管理系统模式（文中要对应）

现代色彩管理系统是在数字技术、CTP技术、数码打样技术广泛应用的前提下，在开放式、网络化的集成式印刷生产流程中，通过对各个设备呈色特性数字化的描述和基于色彩特征描述的色彩转换来突破系统中各个设备、材料、环境对生产的制约，满足现代印刷工业的要求。

目前应用最广泛的是基于ICC（国际色彩联盟，International Color Consortium）的色彩管理系统。[2][3] 1993年，Adobe、Kodak、Apple等彩色出版印刷发展商共同组建了ICC，他们致力于建立贯穿整个彩色复制过程的、可靠的、可重复的色彩管理技术，建立了一套对色彩传递和转换的控制的机制。目前，ICC标准已被许多操作系统和各种色彩复制的专业人员所接受，并开始对基于计算机的色彩相关工业产生影响。基于ICC的色彩管理系统的三个组成部分为：

1.1.1 一个与设备无关的色空间（PCS）

色空间也称为“连接特性文件的色彩空间”。ICC选择了CIE XYZ、CIE LAB色彩空间作为色彩管理的设备无关颜色空间。由于CIE系统具有最大的色域空间，任何设备呈现的颜色都可以映射到其中，且CIE系统具有完善的定义，因此，它是不同设备之间传递颜色最优秀的“语言”。

1.1.2 用于描述设备色彩特性的特性文件（ICC Profile）

ICC Profile文件描述设备的颜色特性和色域范围，提供了将某一设备的色彩数据转换到设备无关的色彩空间中所需的必要信息。

1.1.3 一个色彩管理模块（Color Management Module，CMM）

CMM用于解释设备特性文件，根据特性文件所描述的设备颜色特性进行不同设备间的颜色数据转换。ICC标准提供了四种色彩匹配意图，即感觉匹配、相对色度匹配、饱和度优先和绝对色度匹配，CMM根据不同的色彩匹配意图进行色彩空间之间的映射。

现代色彩管理系统的基本结构如图1-2所示，色彩特性描述文件是桥梁和基础。CMS根据设备特性文件提供的信息，建立特定设备与CIELAB或CIEXYZ色空间之间的映射关系。在进行两种设备色空间转换时，将一个设备的色彩空间转换到设备无关的色彩空间，然后在转换到另一个设备的颜色空间。

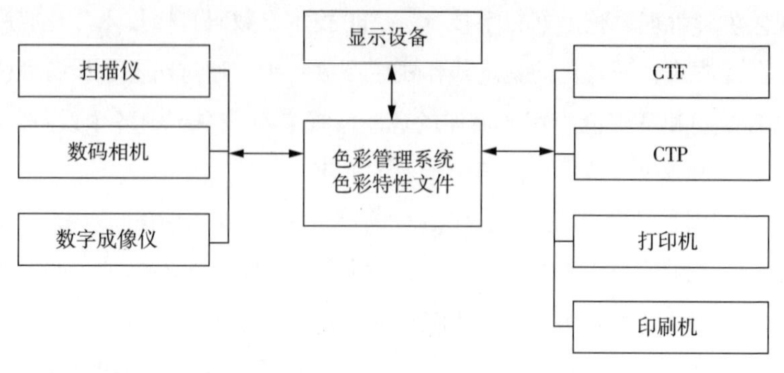

图1-2　现代色彩管理系统模式

1.2　国内外研究现状及趋势

1.2.1　国外研究现状及趋势

在国外发达国家，对色彩管理技术的研究开发较早，而且技术比较成熟。能够提供进行设备特性化时需要的测量仪器，如分光光度计、密度计、色度计、屏幕测色仪与标准色标（如ANSI IT8.7、ISO12642），而且也开发出一些的设备特性化的专用软件，目前一些比较知名的设备特性化软件有：海德堡的ColorOpen系列软件，EFI的EFI Color Profiler，爱色丽提供的系列软件ColorShop，格灵达系列软件ProfileMaker。

近年来，国外的一些机构将研发技术重点放在提高设备色彩特性化精度方面[4][5]。2003年，美国国家标准委员会下设的CGATS（印刷技术标准委员会，Committee for Graphic Arts Technologies Standards）第四附属委员会，针对输出设备色彩特性描述文件的建立过程，颁布了工业标准——“色彩特征数据集”（Color Characterization Data Set Development-Press Run Guidelines）建立了一套如何获得有效的色彩特性数据的指导原则。2004年6月，美国罗彻斯特工学院印刷媒体学院进行的“色彩特性文件创建与测评”（Generating and Evaluating Devices ICC profiles）研究项目，在打印机色彩特性化标版改进、数码相机色彩特性化的编辑和测评、数字印刷机的过程控制和色彩特性化数据获取方面取得了很好的应用测评结果。

1.2.2 国内研究现状及趋势

国内大约是在1995年开始着手色彩管理的研究与应用，其目标是在计算机直接制版（CTP）技术、数码打样技术和印厂数字化程度不断提高的背景下，通过引进先进技术，推动印刷工业理念、技术和服务的发展。

目前国内一些从事色彩管理技术的公司逐渐开始重视设备的校准和特性化，基于此，除了色彩管理系统（CMS），业内提出了质量管理系统（QMS），事实上，质量管理包括了色彩管理系统，它为色彩管理的实施提供一个稳定的生产环境，只有当生产流程各设备处于稳定、标准的状态下，所做的色彩特性文件才能生效。

华利志诚有限公司应用国际先进理论和指导数据，广泛采集国内设计、制版、印刷行业的数据，制作和积累了上百条适合不同行业的色彩特性曲线。

2004年色彩管理系统及应用技术研讨会上，北京圣彩虹印刷技术公司提出了色彩特性描述文档是色彩管理的关键，并结合该公司的生产实例，给出了色彩特性文件的制作和分析方法。

北大方正公司在研讨会上指出稳定的印刷是色彩管理实现的前提，同时为了保证色彩管理的有效性，整个印刷流程应最大程度的实现数据化和规范化的操作。

高术公司、北大方正公司、北京圣彩虹印刷技术公司、子扬图像技术公司、保利特公司等知名企业开始为不同类型的用户提供设备的色彩测试、校准和设备特性文件生成服务，并提供色彩管理的应用方案。

总之，国内的企业已经认识到，色彩特性文件（ICC Profile）文件是否能够精确地描述设备的颜色特性，决定了印刷色彩管理效果的优劣，因为特性文件提供了色彩管理系统进行色彩转换时的必要数据信息，如果特性文件不准确，无论使用哪种色彩转换引擎，所得到的效果只能事倍功半。所以设备色彩特性描述是色彩管理的关键环节，对设备各自做精确的色彩特性描述是非常重要和必要的，这也是当前业内色彩管理领域的热点。

1.3 课题的提出和研究内容

1.3.1 特性文件在色彩管理中的作用

数字生产体系的硬件设备主要包括扫描仪、显示器、打印机和印刷机，如图1–3所示的整个印刷复制链可知，印刷品是整个复制链的终点，印刷机的色彩特性描述文件描述的是“终点”的颜色再现特性和色域范围，“终点”的特性要逆向地一步步传递给前端的设备，系统中的其他设备都在直接或间接地以这个最终目标值为参照。要使这个复制链稳定而精确地传递色彩，实现真正意义上的“所见即所得”的目标，核心的问题是必须当印刷机处于校准稳定的状态时给它一个精确的色彩特性描述，如果这个复制链的“终点”是漂移不定的，那么整个色彩传递过程就不可能具有可重复性和稳定性。只有具备了印刷机的色彩特性这样一个基础，才能继续推演前端每一个步骤应该去取得什么样的参数，当整个色彩复制链中每一个节点的特性都能确定时，整个系统就是可重复、可控的，就能获得可预期的结果。

现在从复制链起始点出发，当色彩先后经过扫描仪、显示器、打印机时，这三种设备都通过各自的色彩特性文件与印刷机的色彩特性文件进行匹配，以与设备无关的色彩空间PCS为桥梁，进行变换运算，确保色彩在不同设备间

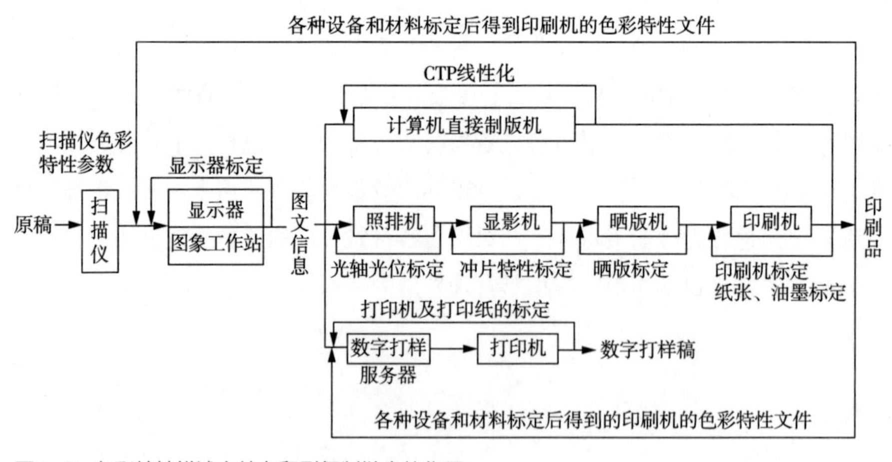

图1–3　色彩特性描述文件在印刷复制链中的作用

表现出最大限度的稳定性和一致性。由此可见，设备色彩特性描述是色彩复制链中转换的基础和依据，这也是本书选题的意义所在，其中印刷机的色彩特性描述又是重中之重。

然而现阶段，输出设备印刷适性的不唯一性给色彩特性文件的制作带来很大难题，打印机的状态会受墨量、纸张、速度等因素影响，印刷机涉及的范围更广，如水墨平衡、橡皮布压力、每套纸张、油墨等，所以必须先控制这些参数，找出最佳的印刷状态（如满足实地密度均匀、网点扩大适中、色偏最小等条件），然后应该以这个状态为印刷机制作色彩特性文件。但是这个过程相当复杂，而且输出设备的色彩特性文件需要定期更新。要想对整个色彩特性化作透彻而全面的研究必须进行深入的理论分析和工艺试验。

1.3.2 研究内容

本书研究的目标是通过色彩管理理论、方法的研究，深入解析色彩管理系统的核心问题——设备的色彩特性化，侧重针对输出设备色彩特性化的方法论研究。以满足工业色彩管理体系建设的实际需求为目标，提出一种对数字化生产体系中输出设备的精确的色彩特性描述方法，建立工业生产中实施输出设备色彩特性描述的方案，为色彩转换提供准确反映设备色彩特性的文件，如图1-4所示。

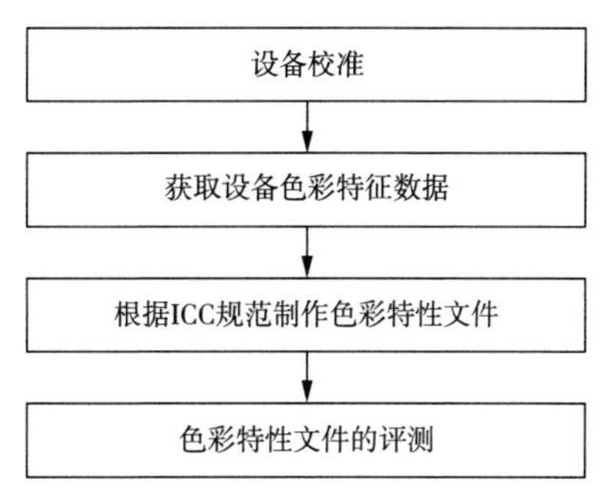

图1-4 研究内容

为了达到上述目标，本书研究的主要内容有以下三个方面：

（1）从理论上解析各类设备色彩特征化标版的设计思想。

（2）着重研究输出设备校准测试和设备特性化过程，以达到设备色域的精确表达，并建立适合于工业生产的设备校准和特性化的实施方案。

（3）建立一套输出设备色彩特性文件的分析和测评模型，对实际生产过程中得到的特性化结果进行分析和测评。

第 2 章

色彩描述和色彩管理的原理

PART

2

众所周知，颜色视觉的产生是光源发出的光照在物体表面，经过物体对光选择性地吸收，反射或透射之后作用于人眼，由人眼内视细胞将光刺激转换为神经冲动由视神经传入大脑，由大脑判断出物体的颜色这样一个过程。因此，基于光源、物体、眼睛、大脑四大要素，进行颜色定性与定量描述是色彩管理实现的基础。

目前，色彩描述有显色表色系、混色表色系两种表色系统。其中，显色表色系是指采用标准色卡，在特定观察条件下，根据视觉特性对它进行分类，建立标准色卡系统。它主要描述表面色，适用于视觉色彩比较。混色表色系统是指国际照明委员会（CIE）根据色彩加色法混合的格拉斯曼定律，在色彩匹配实验基础上，建立的CIE标准色度系统。它表示了心理物理色，适用于色彩测量。

2.1 颜色及其视觉形成机制

颜色是光作用于人眼视觉而产生，除目标外观（形状、大小、位置、质地）外的视觉特性，包括区分相同结构、大小、形状的两个视场角之间差异的视觉现象或辐射特性、形成上述感受的光刺激特性以及能产生光刺激的物体特性等三个重要内容。颜色理论是20世纪初以物理光学、视觉生理学、生理学、心理学和工业测量技术为基础发展起来的边缘性、交叉性理论，颜色理论的发展，极大促进了颜色科学与技术的应用。[7][8][9][10][11]

2.1.1 颜色及其视觉特性

2.1.1.1 颜色的含义

颜色作为一种光对视觉系统的物理—心理反应，反映了光与视觉相互作用的规律。目前，客观世界颜色的呈色模式有光源色、反射色和透射色等。在实际应用中，可以分为孔色、表面色、透膜色、透体色、镜面色、光泽、光源色等类型。其中：

（1）孔色（Aperture color）：是指眼睛焦点在小孔处，通过小孔看到的屏后边的颜色。观察孔色时，只能够看到颜色，而没有孔后物体的大小、形状、位置和质地的知觉，是最单纯的颜色，也叫心理物理色或感觉色。

（2）表面色（Surface color）：是指观察不透明物体表面的颜色，是最常见的颜色。表面色受照明光照条件和物体表面反射特性的共同影响。本书的研究的对象是新MUNSELL无光泽色卡，利用重建得到的反射比，就可以计算出在不同光源下色块的表面色。

（3）透膜色（Transparent film color）：是指透过一层彩色薄膜看到的颜色。透膜色受照明光照条件和膜片透射特性的共同影响。

（4）透体色（Transparent volume color）：是指透过一块稍有吸收和散射的透明物体（如冰、薄雾）看到的颜色。

（5）镜面色（Mirrored color）：是指在平面反射镜中看到的物体颜色。

（6）光泽（Luster）：是指物体表面极小部分强烈反射光而使其细微结构看不清的状态。

（7）光源色（Light source color）：是指自发光体的颜色。

2.1.1.2　颜色的视觉特性

颜色是由彩色（如红、橙、黄、绿、青、蓝、紫）与中性色（非彩色，如黑、白、灰）共同组成。其中彩色具有色相、饱和度和明度（亮度）三个基本属性，而中性色只有明度属性。在一定照明和观察条件下，能够基于加色法和减色法原理来组合与匹配颜色，视场两部分光达到匹配后，改变背景光的明暗程度，视场中的颜色会起变化，但视场两部分仍匹配。

颜色视觉作为一种复杂的物理、生理与心理现象，是不同波长的光作用于视网膜后在人脑引起的主观感觉。有关资料证明[17]，人眼不仅能够识别对应于可见光光谱区一定波长的红、橙、黄、绿、青、蓝、紫七种主要颜色，而且还可以识别颜色3 ~ 5nm波长增减的变化，最多可以分辨150余种不同的色相。显然，视网膜上存在上百种对不同波长光波起反应的视锥细胞或感光色素是不可能的。因此，人们一直在探索颜色视觉的特性。牛顿早期从物理学分析了颜色视觉，获得了某种颜色不仅可以由某种固定波长引起，而且可以由两种或更多种其他波长的混合作用引起。如著名的牛顿色环盘的旋转，使光谱上七色光形成人眼视觉的白色感觉。采用 红、绿、蓝三色光（非色料）通过合适的混合，就能够产生光谱上任何颜色的感觉。这种色光混合现象，表达了颜色视觉产生原理的基本规律，并已经广泛应用于彩色摄影、彩色电视机、显示器等工业领域。

2.1.2 颜色视觉机制

目前，颜色视觉机制理论的研究成果主要有杨—赫（T.Young—Helmhotz）1809年推出的三原色理论，赫林（E.Hering）1876年推出的四色理论和沃伦文（P.L.walraven）1962年推出的阶段理论。其中在彩色复制工业领域中，以三色理论的广泛应用为代表。在颜色心理学领域中，以四色理论为代表。而阶段理论在日益增多的试验证实的条件下，融合了三色理论和四色理论的各自优势，已经成为人们关注的理论热点。

2.1.2.1 T.Young—Helmhotz的三原色理论

1809年T.Young根据牛顿的粒子打击振动论、配色实验及色散试验，首次提出了三原色理论。他认为人眼的视网膜上只有红（R）、绿（G）、蓝（B）三种基本锥体细胞（光接收器），每种锥体细胞对各种不同频率的光都有相应的响应。但只对某确定波长的光最敏感。当三种锥体细胞在同时同等程度地被刺激时，则产生白色感觉。通过实验证明，采用红、绿、蓝三种光谱色的色光混合，能够产生客观世界中各种颜色感受。T.Young 的三种接收器理论虽然能很好解释了色光混合规律，但却无法解释后像效应和颜色对比效应。

19世纪中叶，Helmhotz在肯定T.Young三色原理的基础上，认为人眼视网膜上具有三种视神经细胞，每种神经细胞的兴奋都产生一种原色，并补充了两个假设，其一是在除去色刺激后的一定时间内，视网膜锥体细胞仍维持其激励状态，并将一定信息传入大脑；其二是在同一刺激持续一定时间后，被激励的神经细胞会疲劳，因而对同种刺激会降低其感受灵敏度，从而形成了T.Young—Helmhotz三原色理论（三分量理论）。这种改进的三原色理论可归纳为“物理刺激在神经末梢，分解为三种基本形式，即三种独立的生理成分，这三种“成分”由中枢神经综合而产生色觉。

T.Young—Helmhotz理论很好地解释了正后像效应、负后像效应、对比效应和单色色盲。其最大优点是对色光配色规律的诠释及其在彩色复制工业中的应用，并在视网膜感受器一级上，获得了心理物理学和生理学的实验验证，其中有代表的实验有：眼底反射分光密度实验、显微分光度实验和锥体细胞感受器电位光谱感度实验等。

但三原色理论存在三感受曲线不唯一，不能解释色盲成对出现和全色盲等问题。如红色盲与绿色盲成对出现，全色盲无颜色感觉，但有明暗感觉。

2.1.2.2 E.Hering的四色理论

1876年E.Hering从研究心理颜色视觉出发，提出了色觉的对立颜色理论。他认为视网膜上有三种光化学物质—视素，每种视素都能发生同化和异化两种生物化学变化，在同化过程中，视素产生合成，异化过程中则产生分解。同化异化的发生完全是由于不同光谱组成的色光刺激的结果；而同化异化的结果使人产生相应的对立颜色感觉，即R—G、Y—B、W—K等六种不同色觉，其对应关系的归纳见表2-1。

表2-1 E.Hering色觉理论中的光化学物质

光化学物质	视网膜上的反应	产生的色觉
W（白）—K（黑）	异化（分解） 同化（合成）	W（白） K（黑）
R（红）—G（绿）	异化（分解） 同化（合成）	R（红） G（绿）
Y（黄）—B（蓝）	异化（分解） 同化（合成）	Y（黄） B（蓝）

在这个理论中，由于W—K、R—G与Y—B是互补色，即对立，因此也称为对立颜色理论。它与三原色理论的不同之处是除红、绿、蓝外，增加了黄色、黑色、白色，由于E.Hering理论不计算黑色与白色，因而简称为四色理论。

四色理论是针对三原色理论的不足而提出，解决了三原色理论无法解释色盲成对出现、颜色对比现象等问题，其对成对色盲出现的解释是视网膜上缺少某种对立的光化学物质。例如，红—绿色盲是视网膜缺少红—绿光化学物质，而全色盲是缺少红—绿、黄—蓝两种光化学物质，而只有黑—白光化学物质。对于颜色对比则是由于对立光化学物质的异化与同化，使得互补色之间形成强烈的对比现象，如将绿色放在红色背景下，会使绿色更绿，红色更红。

但四色理论存在的问题是无法解释红、绿、蓝三原色能够混合匹配所有颜色的规律。在解剖学实验上，始终未能证实其在视网膜感受水平一级存在三种对立光化学物质。

2.1.2.3　色觉阶段理论

在过去100多年中，三原色理论和四色理论在对立与争执之中并肩而立。尽管各自成功解释了许多颜色现象，但都面临各自无法解决的问题。近几十年来，随着科学技术和新实验材料与方法的发展，人们发现人眼视网膜中不仅含有一种对光特别敏感，并只能分辨明暗，不能分辨颜色的视杆细胞，而且含有三种能够分辨颜色的视锥细胞，其中有三种不同生物化学物质，如图2-1所示。分别对红、绿、蓝三原色光有最好的感受性，而且锥体细胞传出的信息是经过了某种对立方式的处理，从而统一形成了现代颜色视觉的阶段理论。

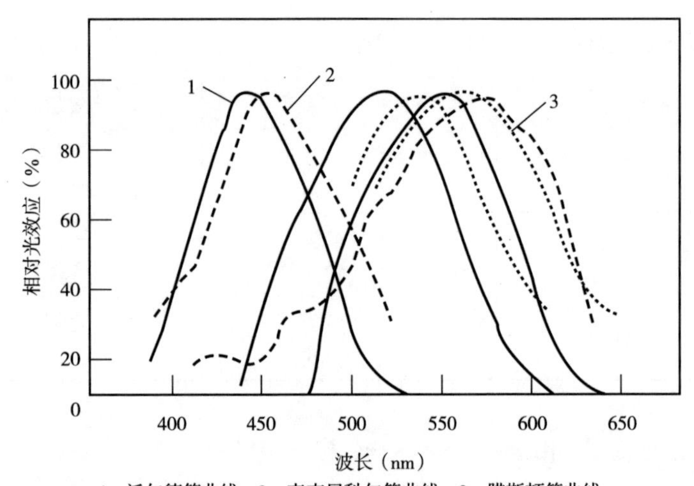

1—沃尔德等曲线；2—麦克尼科尔等曲线；3—腊斯顿等曲线

图2-1　视网膜不同锥体细胞的光谱吸收曲线

色觉阶段理论认为：颜色视觉过程分为三个阶段，首先视网膜上的三原色感受是基于三原色理论的工作方式，其次在从视网膜到大脑颜色区的视觉通道上，最终在中枢高级视觉中心处理，其过程可归纳为如图2-2所示。

色觉阶段理论不仅秉承了三色理论和四色理论的优点，而且克服了它们各自存在的不足。通过对正常色觉者可见光谱的颜色感受研究，解析了由两种基本色相的彩色与白色适量相加组成光谱颜色的构成。在近十多年神经电生理学，分子生物学和分子遗传学研究成果的支持下，确定了色觉阶段理论是现代颜色视觉机制理论的基础。

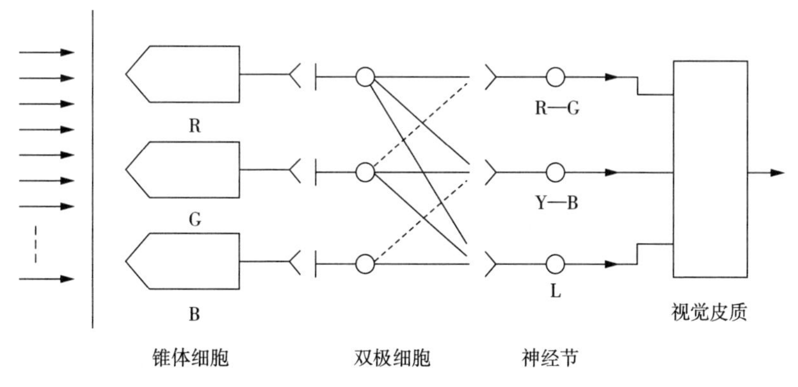

图2-2　色觉阶段理论的图示

2.2　颜色的表示系统

目前，颜色的表达是通过表示颜色的系统描述来实现。由于颜色具有三个独立的变量，每种颜色必须通过三个独立量来描述。因此，各种表色系都是三维的。由表达颜色三维变量构成的三维空间称为色空间。各个表色系都定义有各自的色空间，客观物体所具有的颜色，一般不能完全充满所定义的色空间，而只能占据色空间的一部分。而在实际生产工艺中，系统或设备能够实现的颜色范围称为色域。

目前，表色系有显色表色系、混色表色系和均匀表色系三类。其中，显色表色系是指采用标准色卡，在特别观察条件下，根据视觉特性对它进行分类，建立标准色卡系统。它主要描述表面色，适用于视觉颜色比较。混色表色系是指CIE（国际照明委员会）根据颜色加色法混合的格拉斯曼（Grassmann）定律，在颜色匹配实验基础上，建立的CIE标准表色系或CIE标准色度系统（CIE Standard. Colorimetric System）。它表示了心理物理色，适用于颜色测量。均匀表色系是指在上述两个表色系的研究基础上，解决了两者不足的表色方法，能够更好地对颜色进行表达。

2.2.1 显色表色系

显色表色系是一个基于颜色三个心理学基本属性（色相、饱和度、明度）的统计分类，按照在视觉上均匀刻度的标尺，对颜色标准样品进行的分类和标定，是数量化的知觉色心理学属性。它主要应用于根据视觉直接观察某些物体表面所产生心理感觉的表面色研究领域，如印刷、纺织、染色、油漆、绘画与艺术用色。其中，最典型、最常用的孟塞尔（Munsell）表色系综述如下：

孟塞尔表色系是一种由美国画家阿尔伯特·H.孟塞尔（H.H.Munsell）于1905年创立，经NBS（美国国家标准局）和DSA（美国光学会）修订，采用色立体模型表示颜色的方法。如图2-3所示，它是根据颜色的视觉特性，对各种表面色的三种基本属性色相（H）、明度（V）、饱和度（C）进行分类和标定系统，立体模型的每个部分代表一种特定的颜色，并给予一定的标号。最新Munsell表色系包括无光泽和有光泽两类。

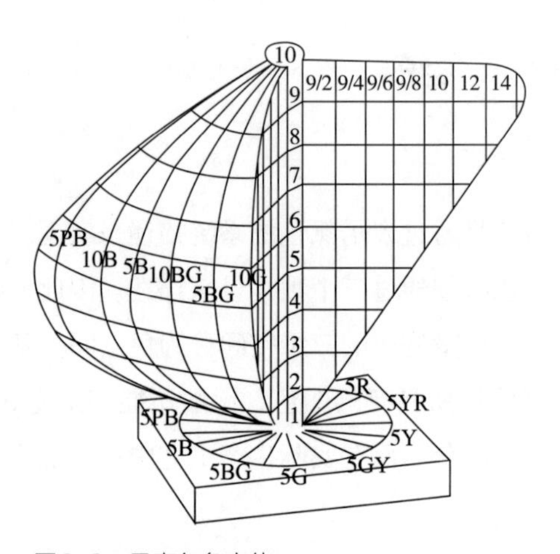

图2-3 孟塞尔色立体

孟塞尔系统用颜色立体模型表示表面色的三种基本特征，按颜色变化量在视觉感觉上均匀等间隔变化的原则排列色块。在一个类似球体的立体模型中，每一部位各代表一个特定的颜色，各标号的颜色都用纸片制成颜色样品卡片，按标号次序排列起来，纵轴表示明度，圆周方向表示色相，半径方向表示彩度。

2.2.1.1 孟塞尔明度

孟塞尔颜色立体的中心轴代表由底部黑色到顶部白色的非彩色系列的明度值，称为孟塞尔明度，以符号V表示。理想黑色定为V=0，理想白色定为V=10。孟塞尔明度值由0至10，共分为11个在视觉上等距的等级。

彩色的明度值在颜色立体中以离开基底平面的高度代表，即同一水平面上的所有颜色的明度值相等且等于该水平面中央轴上非彩色（灰色）的明度值。

2.2.1.2 孟塞尔彩度

在孟塞尔色立体中，颜色的饱和度以离开中央轴的距离来表示，称为孟塞尔彩度，表示这一颜色与相同明度值的非彩色之间的差别程度，以符号C来表示。

2.2.1.3 孟塞尔色调

孟塞尔色调是以围绕色立体中央轴的角位置来代表的，以符号H表示。孟塞尔色立体水平剖面上以中央轴为中心，将圆周等分为10个部分，排列着10种基本色调组成色调环，采用红、黄、绿、蓝、紫五种色彩作为基本色调把色调环分成五等分，然后设置它们的中间色调，又以基本色调为中心将其前后部分分为五等分来表示基本色调和中间色调之间的色调，并赋以1～10的标号。

2.2.2 混色表色系

混色表色系是一种根据颜色加色法混合的Grassmann定律，在颜色匹配的基础上，由CIE建立的颜色测量与心理物理表达的表色系统。CIE的标准表色系是最常用的混合表色系统，包括：①建立在2°实验视场的CIE1931—RGB表色系（RGB表色系）与适用于≤4°小视场观测的CIE1931—XYZ表色系（XYZ表色系）；②建立在10°实验视场的1964 R10G10B10表色系，以及适用于>4°大视场观测CIE1964—$X_{10}Y_{10}Z_{10}$。其中XYZ由RGB，$X_{10}Y_{10}Z_{10}$由$R_{10}G_{10}B_{10}$经数学变换导出[17-22]。

2.2.2.1 混色表色系的条件

混色表色系的条件是根据匹配实验或颜色匹配来获得两种颜色在视觉上相同或相等。因此，不同观察条件会导致匹配结果或匹配颜色边缘的不一致。其观察条件之一是视场。因为在视场中心是锥体视觉，而大于4°的大视场时，是锥体视觉和杆体视觉的综合。因而，CIE确定了对应特定小视场（2°）和特定大视场（10°）的实验数据；观察条件之二是照明光谱，由于颜色匹配不受观察者眼睛预先曝光的影响，即颜色匹配的恒常性。颜色匹配不受照明水平的影响，只要维持在通常的亮度水平。但照明光谱不能变化太大，照明水平不能过高或过低。

总之，CIE对混色表色系规定的观测条件是在明视觉条件下观测，观测视场特定为2° 和10°，其中2° 视场为锥体视场，10° 视场为锥体与杆体的混合视觉，在视场内光的空间分布均匀，并且光强不随时间而变化，被观测视场的背景是黑暗的以及观察者为正常三色觉者。

2.2.2.2　常用的混色表色系

颜色是外界的光学辐射作用于人眼而产生的一种目视感知。物体的颜色既取决于外界物理刺激，又取决于人眼的视觉特性，由于不同观察者颜色视觉特性的差异，因此，标准色度观察者光谱三刺激值是一种基于许多观察者的颜色视觉实验的平均颜色视觉特性，并以此进行颜色计算和颜色标定。

（1）CIE1931–RGB系统。CIE1931–RGB系统是根据莱特（W.D.Wright）和吉尔德（J.Cuild）两组实验数据综合的结果规定的，CIE1931标准色度观察者光谱三刺激值，如图2–4所示，系统采用基本刺激的等能光谱（等能白光）、波长为700nm、546.1nm、435.8nm单色光的参照色刺激、亮度系数 L_r：L_g：L_b = 2.0966：1.3791：1.0000以及2° 实验视场等主要描述参数，如图2–4所示。

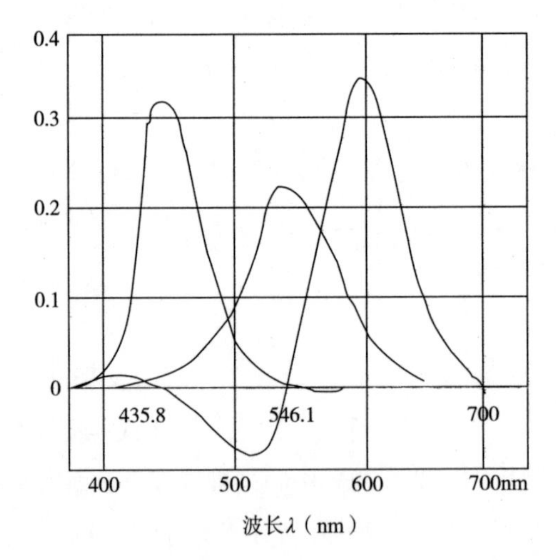

图2–4　三刺激值r（λ）、g（λ）、b（λ）的曲线

CIE综合W.D.Wright和J.Gnild实验结果，并将所使用的三原色转换成700nm（R）546.1nm（G）和435.8nm（B）三原色，并将三原色单位调整到数量相加匹配出等能白光（正光源）的相同条件，就能够确定CIE1931-RGB表示系标准色度观察光谱三刺激值r（λ）g（λ）b（λ），但数据中出现负刺激值。根据光谱三刺激值、光谱色品坐标和公式（2-1），则可计算出单色光的色品坐标。

$$r=\frac{R}{R+G+B}$$
$$g=\frac{G}{R+G+B} \qquad (2-1)$$
$$b=\frac{B}{R+G+B}$$

根据CIE1931-RGB表色系标准色度观察者及等能光谱各种波长的色品坐标，则可在（r，g）色品图上获得如图2-5所示的呈牛舌形的光谱轨迹，其中光谱轨迹在紫红轨迹曲线内的是全部真实颜色区域，曲线外则是虚色，其等能光谱代表点的坐标为（0.33，0.33），三参照色刺激代表点坐标分别为700nm（1，0）、546.1nm（0，1）、435.8nm（0，0），光谱轨迹上波长刻度的不均匀，则反映了人眼的视觉特点。

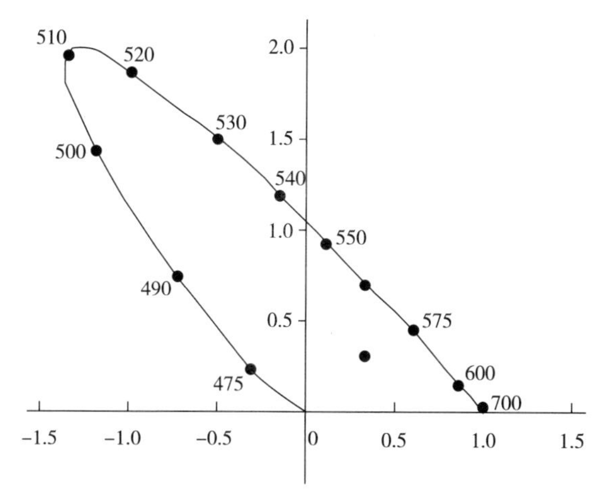

图2-5 （r，g）色品图

（2）1931CIE–XYZ系统。1931CIE–XYZ系统是建立在RGB系统基础上，改用三个假想原色XYZ建立的表色系统，其指导思想是：XYZ表色系的基本刺激为等能光谱；选取非真实色光作为三参考色刺激，使XYZ表色系中所有刺激的三刺激值全为正，并使光谱的轨迹内的真实颜色尽量位于XYZ三角形内较大部分的空间，从而减少虚色范围；把XZ参照色刺激放在无亮度线上，使XZ刺激值只表示色度，不表示亮度。Y刺激值既表示色度，又表示亮度，即在RGB刺激空间的无亮度平面内。基于颜色加色法混合是线性叠加，采用线性变换进行数学变换，如图2–6所示，使XY连线与540—700nm光谱轨迹直线部分重合，YZ连线在504nm与光谱轨迹相切。

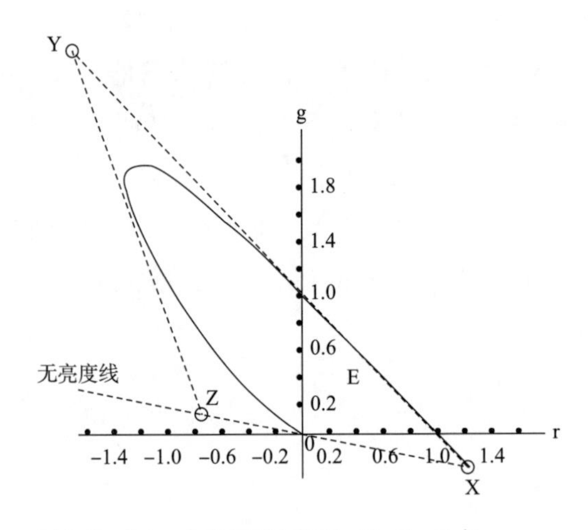

图2–6 （r，g）色品图上的X，Y，Z，E点

其中：X、Y、Z、E四点在两个空间变换关系见表2–2所示。

表2–2 X、Y、Z、E四点在两个空间变换关系

坐标 / 点	r	g	b	X	Y	Z
X	1.2750	−0.2778	0.0028	1	0	0
Y	−1.7392	2.7671	−0.0279	0	1	0
Z	−0.7431	0.1409	1.6022	0	0	1

续表

坐标 / 点	r	g	b	X	Y	Z
E	0.3333	0.3333	0.3333	0.3333	0.3333	0.3333

2.2.3 常用的均匀表色系——CIE1976L*a*b*色空间

CIE1976L*a*b*色空间是CIE针对均匀色空间的多样性带来色差评定而统一化的色空间，主要应用于硬拷贝复制品、染料、颜料工业，常用的直角坐标表达式是：

$$
\begin{aligned}
L^* &= 116Y^* - 16 \\
a^* &= 500(X^* - Y^*) \\
b^* &= 200(Y^* - Z^*)
\end{aligned}
\qquad (2\text{-}2)
$$

其中，$X^* = (X - X_n)^{1/3}$　（当$X/X_n > 0.008856$）

或　$X^* = 7.878(X/X_n) + 0.138$　（当$X/X_n \leqslant 0.008856$）

$Y^* = (Y/Y_n)^{1/3}$　（当$Y/Y_n > 0.008856$）

或　$Y^* = 7.878(Y/Y_n) + 0.138$　（当$Y/Y_n \leqslant 0.008856$）

$Z^* = (Z/Z_n)^{1/3}$　（当$Z/Z_n > 0.008856$）

或　$Z^* = 7.878(Z/Z_n) + 0.138$　（当$Z/Z_n \leqslant 0.008856$）

而且，在2°视场，不同照明条件下的X_n，Y_n，Z_n取值，见表2-3。

表2-3　CIE标准光源下的三刺激值

三刺激值	2° 视场		
	D_{65}	C	A
X_n	95.045	98.072	109.85
Y_n	100.000	100.000	100.000
Z_n	108.892	118.225	35.58

其色差采用公式（2-3）计算：

$$\Delta E'_{a,b} = \left[(\Delta L')^2 + (\Delta a')^2 + (\Delta b')^2\right]^{1/2} \qquad (2\text{-}3)$$

2.3 颜色特征及其定量描述

颜色的定量描述是指给颜色一种适当的命名或定量标识。众所周知，采用数学方法来描述客观世界是各个科学发展的理论基础。要了解各种现象之间的联系，首先必须研究表达这些现象之间有关量的关系。而数量的获取必须通过一定的手段和方法来实现，因此，任何一个结论的验证，数据测量是基础。只有获得严密的颜色测量方法，才能实现颜色信息科学正确的定义、表达、识别、变换和应用。

颜色的定量描述是现代颜色应用的基础。颜色测量是指通过专业颜色测量工具和仪器，测量目标颜色的颜色属性与数据的过程和方法。颜色测量的优劣既与测量目标的分光特性的性质有关，又与照明条件，观察条件等其他因素相关，因此颜色测量是一种在上述多因素基础之上的颜色定量表达[2]。

目前，颜色测量包括目视测色法（主观测色法）和物理测色法（客观测量法）两类，目视测色法是以人的视觉为基础，通过比较测量颜色。但由于受视觉、经验和心理状态影响，无法定量描述，也不易标准化和数据化。而物理测色法主要有分光测色法，刺激值直读法和彩色密度法三种[2]，它是采用光电物理器件，模拟人眼测量过程测色，其测量原理如图2-7所示。

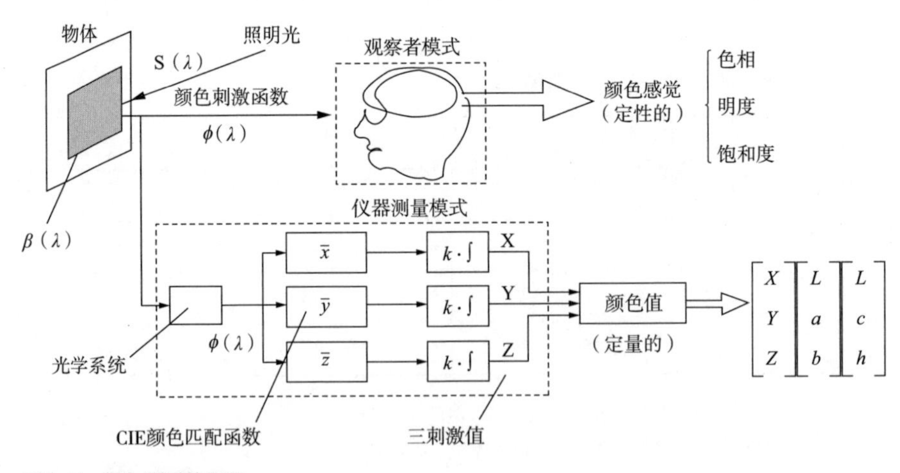

图2-7 颜色测量的原理

2.3.1 目视测色法

眼睛是人类最早和最便利的颜色测量仪器。目视测色法是以人的视觉为基础，通过比较测量颜色，尽管眼睛不能直接定量测出颜色数据，却能非常敏锐地鉴别颜色的变化和差别，但由于受视觉、经验和心理状态影响，无法定量描述，也不易标准化和数据化。因此，基于一定条件和统计分类方法能够建立符合一定规则的标准色样及其色样组合而成的颜色分类体系，通过色样与标准色样的对比来确定颜色的数据特征或属性特征。

2.3.2 物理测色法

物理测色法是以三原色混合形成的颜色和被测颜色等同为基础。它是采用光电物理器件，模拟人眼测量过程来测色，通过测量颜色某些特性的数据来建立相应的坐标体系，并通过这些色度坐标来分析或确定颜色的变化与差异。主要有分光测色法，刺激值直读法和彩色密度法三种[2][8]。

物理测色法的基础是如式（2–4）所示的颜色三刺激值的测色公式：

$$X = k\int_{\lambda 1}^{\lambda 2} S(\lambda)\cdot\rho(\lambda)\cdot\bar{x}(\lambda)\cdot \mathrm{d}\lambda$$

$$Y = k\int_{\lambda 1}^{\lambda 2} S(\lambda)\cdot\rho(\lambda)\cdot\bar{y}(\lambda)\cdot \mathrm{d}\lambda$$

$$Z = k\int_{\lambda 1}^{\lambda 2} S(\lambda)\cdot\rho(\lambda)\cdot\bar{z}(\lambda)\cdot \mathrm{d}\lambda$$

$$k = \frac{100}{\int_{\lambda 1}^{\lambda 2} s(\lambda)\cdot\bar{y}(\lambda)\cdot \mathrm{d}\lambda} \qquad (2\text{–}4)$$

其中：X、Y、Z——颜色三刺激值；

$S(\lambda)$——光源色的相对光谱功率分布；

k——调整因子，目的是使Y值为确定常数100。

从式（2–4）可知，只要测得光源的相对光谱功率分布$S(\lambda)$，样品的光谱反射比$\rho(\lambda)$或透射比$\tau(\lambda)$，就可求得相应的颜色刺激值。其中，分光测色法不直接测量颜色的三刺激值本身，而是测量物体的光谱反射或光谱透射特性，即测量物体的光谱辐亮度因数或光谱透射比。再选用CIE的标准照明体和标准观察者，通过积分计算求得颜色的三刺激值。它的测量精度最高，是目前色彩管理及其工业应用的技术基础。

刺激值读法则不同，其响应类似人眼的视觉系统，通过直接测得与颜色的三刺激值成比例的仪器响应数值，换算出颜色的三刺激值。色度计获得三刺激值的方法由仪器内部光学模拟积分完成，即用滤色镜来校正仪器光源和探测元件的光谱特性，使输出的电信号大小正比于颜色的三刺激值。

彩色密度法是不是标准颜色测量的方法，其响应与标准观察者的响应并无严格的对应关系。然而它也具有红、绿、蓝响应，因为人的视觉系统有红、绿、蓝响应的感受器，所以彩色密度计的响应和人类观察者的响应之间也存在着一定的关系。密度计在某些情况下能给出颜色测量的近似值，能十分精确地探测到颜色和色差的变化，而不论这种变化是否能被人眼觉察出来。因此，彩色密度计是颜色和颜色处理过程中进行质量控制的有效仪器，尤其在照相和印刷行业[21]。

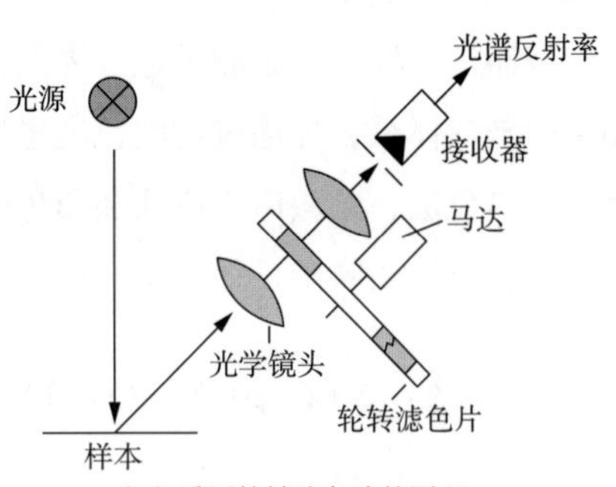

（a）采用轮转滤色片的原理

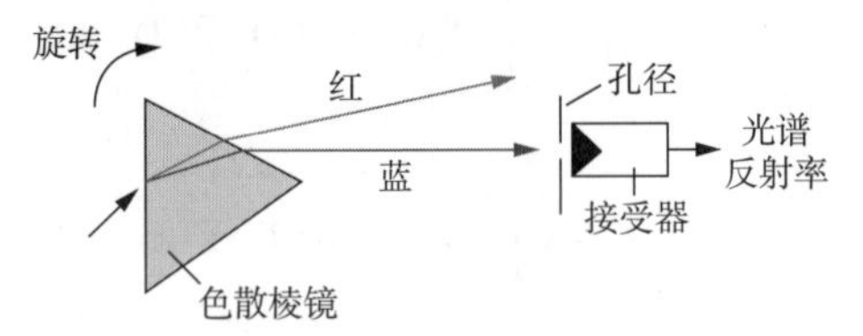

（b）采用散射棱镜的原理

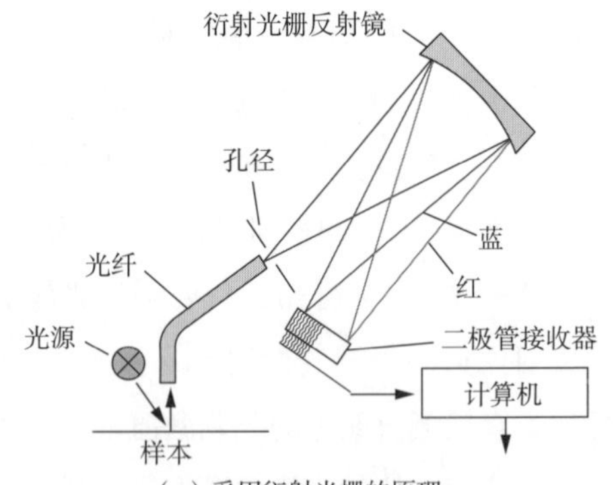

（c）采用衍射光栅的原理

图2-8　几种分光光度计原理图[2]

2.3.2.1　分光测色法

分光测色法也叫光谱光度测量，它是把从光源发出的光散射成单色，并在可见光范围内选取几十至上千个波长点测量一定波长间隔内的光通量，从而获得色刺激$\beta(\lambda)$，并可进一步计算出所测颜色的三刺激值，如图2-8所示。

2.3.2.2　刺激值直读法

刺激值直读法是通过测色器件的光电响应直接获得颜色三刺激值，即获取测量波段内的积分值。刺激值直读法所用仪器和校正滤色片必须满足卢瑟条件，如图2-9所示。

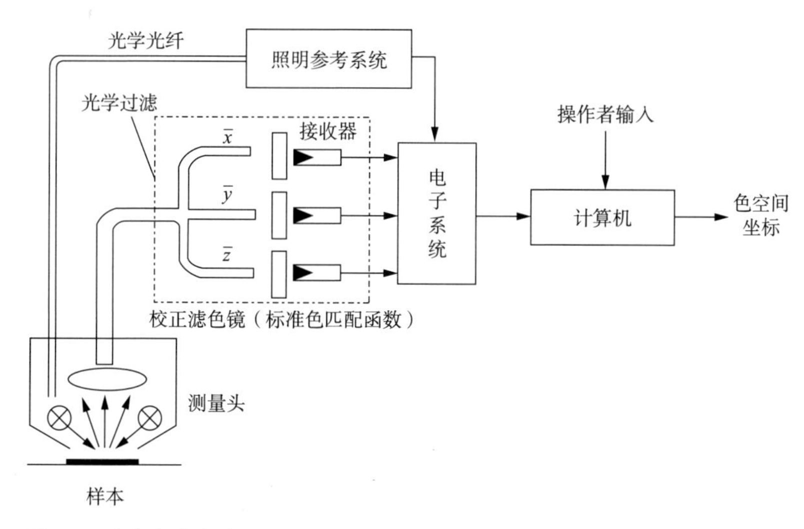

图2-9 光电色度计测量原理图

2.3.2.3 密度测色法

密度测色法是采用密度计测量目标通过R、G、B滤色片后的三色光密度，并以此色光密度来标定颜色，由于三色光密度值与标准观察者光谱三刺激值无严格的对应关系，所以只能给出颜色测量的近似值，但能够较准确地测定颜色的变化和色差，如图2-10所示。

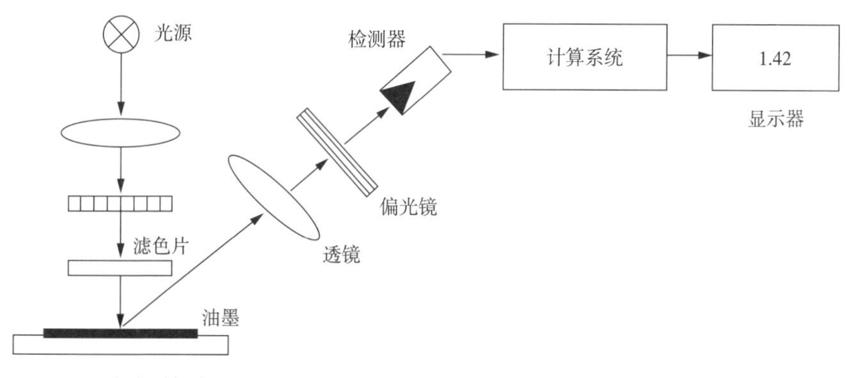

图2-10 密度测色法原理图

2.4 设备的呈色原理

在数字化印刷生产体系中，硬件设备包括输入、显示和输出设备三大类。

2.4.1 输入设备的色彩再现原理

目前输入设备有扫描仪、数码相机、数字成像仪等，其中最典型的输入设备是扫描仪。扫描仪采用光电倍增管（PMT）或电荷耦合器件（CCD）为传感器件，通过扫描光源、分光滤色片、光电变换器件与放大器等部件完成对色彩的扫描与记录。扫描仪常用RGB和CMY模式记录色彩。由扫描获得的三个电信号［R，G，B］的大小与扫描仪各个部件的光谱响应特性相关。即与扫描光源的光谱能量分布、分光滤色片的光谱透射率、光电转换器件的光谱灵敏度等有直接的关系。这几个变量的乘积构成了扫描输入设备的综合光谱响应特性。

显然，不同厂商生产的彩色扫描仪上使用的扫描光源、滤色片、光电转换器件可能各不相同，其光谱响应特性也会有差异，因而会造成对同一张原稿，用不同的扫描仪扫描后得到的图像颜色有或大或小的差异。

2.4.2 显示设备的色彩再现原理

彩色显示技术有多种，这里讨论的是印刷领域通常采用的CRT（阴极射线管）型显示器，CRT显示器的色彩显示是根据RGB色光的空间混合原理。CRT型显示器的结构原理如图2-11所示，由灯丝、阴极、控制栅组成了电子

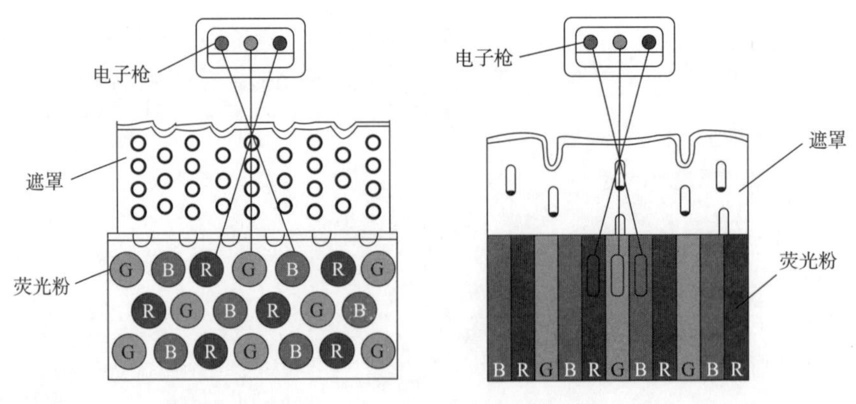

图2-11 CRT显示器工作原理

枪，荧光屏上涂满了按一定方式紧密排列的红、绿、蓝三种颜色的荧光粉点或荧光粉条。灯丝加热阴极，激发阴极发射出电子流，然后在加速极电场的作用下，经电子透镜聚焦成极细的电子束而轰击荧光屏，致使荧光粉发光。显示信号控制电子束的通断、强弱和位置，电子束偏转系统控制电子射向荧光屏的位置，受到高速电子束的激发，这些荧光粉单元分别发出强弱不同的红、绿、蓝三种光。根据空间加色混色法，产生丰富的色彩。

由于选色版的不同，CRT型显示器又可分为荫罩式和荫栅式显示器，如图2-11所示，荫罩式显示器的显示屏内部有一层类似筛子的网罩；荫栅式显示器的显像管将荧光粉安排成跨越整个屏幕的直条状。

由于各个生产厂商选用的荧光粉的光谱特性不同，显示器之间会产生一定的色彩再现偏差。

2.4.3 输出设备的色彩再现原理

输出记录设备包括打印机、印刷机、数字成像设备等。成像方式主要有印刷、喷墨、静电成像、热敏成像等，其成像控制原理和方法类同，都是通过软件完成数字化的色彩转换和半色调转换，将计算机中的24位RGB彩色数字图像变换成各个原色的数字加网信息，这些数字加网信息确定了输出色彩与对应原色墨水（呈色物质）用量的关系，这样就能够通过半色调技术，使用二值信息再现层次丰富的彩色连续调图像。

2.4.3.1 网点与图像光学密度

目前普遍采用的硬拷贝复制方法都采用半色调技术，网点是复制过程的基础与构成图文的最基本单位，网点的作用归纳起来主要有：

（1）网点在复制效果上担负着表现色相、明度和饱和度的任务；对原稿的色调层次，起到忠实临摹、传递的作用。

（2）网点在颜色合成中是图像颜色、层次和轮廓的组织者。在彩色组合中，决定色料数量的多少。

图像的阶调层次主要是用以描述原稿上图像的明暗程度，这种明暗程度是通过不同的亮度等级来传达的。图像明亮的部分称为高光调，阴暗的部分称为暗调，处于明暗之间的部分称为中间调。如果图像上的这一系列的亮度等级采用光学密度来表示的话，图像上从最亮到最暗一系列的密度等级统称为图像的层次。一般说来，原稿上的图像阶调分为两类。一类是连续调，连续调是指原稿上图像以连续的密度逐渐从高光调过渡到暗调，密度的等级越多，阶调越丰富。另一类则是半色调（也称网目调），这类调子的图像是以单位面积内网点面积的大小来表现的，硬拷贝呈现的图像便是如此。

实样

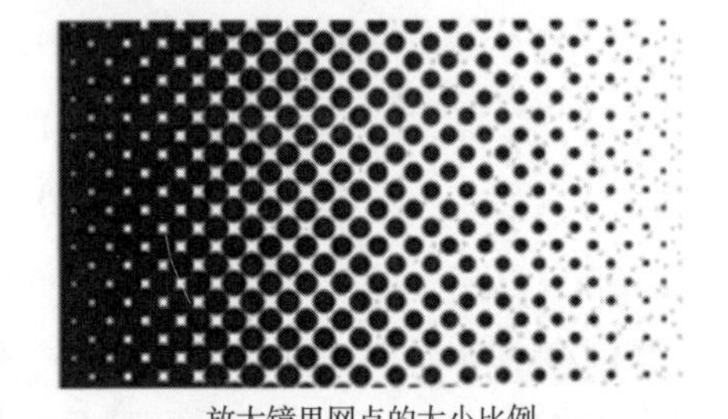

放大镜里网点的大小比例

图2-12　网点与阶调层次的关系

硬拷贝复制品上，面积越大的网点，吸附的油墨面积越大，反射的光线少，被吸收的光线就多，反映出来的密度值越大，就越暗，如图2-12所示。硬拷贝复制品上面积越小的网点，吸附的油墨面积越小，反射的光线多，被吸收的光线就少，反映出来的密度值越小，就越亮。

为了对阶调层次的浓淡深浅表示进行定量化，需要导入反射率、光学密度、网点面积率等概念。

网点（Dot）：构成印刷图像的基本元素。通过其面积和/或空间频率的变化，再现图像的阶调。

密度（Density）：入射光通量与透射或反射光通量比值的常用对数值。如印刷品的反射密度是根据反射率计算得出，即：

$$D = \lg\frac{1}{\beta} = \lg\frac{I_0}{I} \tag{2-5}$$

其中：I_0为入射光通量或承印物（如纸张）非印刷表面的反射光通量，I为印刷部位表面的反射光通量，β为反射率，它随着墨膜厚度的增加而减少。

网点面积率（Dot area ratio）：网点占网格的面积比率。

加网（Halftone screening）：采用模拟或数字技术生成半色调的过程。

表达网点覆盖率、实地密度、光学密度三个物理量之间关系的数学模型是1936年由玛瑞（Marrcy）和戴维斯（Davies）提出的并以他们名字命名的玛瑞—戴维斯公式，如图2-13所示，是描述玛瑞—戴维斯公式的模型简图。网点自身的密度为D_s，其面积率为ϕ，非网点区域的密度为D_0，则网点自身的

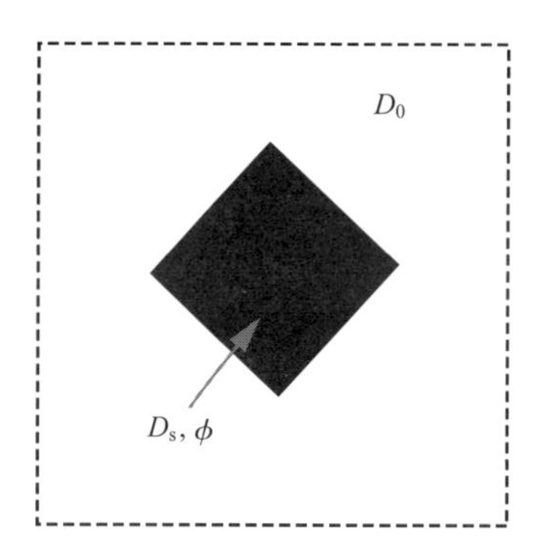

图2-13 玛瑞—戴维斯公式的模型简图

反射率$\tau_s=10^{-D_s}$，设$D_0=0$，则非网点区域的反射率为$\tau_0=1$，那么网格的总反射率即空白部分与单色网点混合得到的反射率是两者之和：

$$\tau=\tau_s\cdot\phi+\tau_0\cdot(1-\phi)=\phi\cdot10^{-D_s}+(1-\phi)=1-\phi(1-10^{-D_s}) \quad (2-6)$$

玛瑞—戴维斯（Murray-Davies）公式：

$$D=\lg[1/\tau]=\lg\left[1/\left(1-\phi\left[1-10^{-D_s}\right]\right)\right] \quad (2-7)$$

由此可见，图像的光学密度并非随着网点面积率的上升而线性上升，而是按照指数规律上升，该关系给出了在高光调，其网点面积率再增大，其密度值缓慢增加，在暗调部分，密度值则快速增加的非线性关系。

2.4.3.2 基于纽介堡（Neugebauer）方程的颜色再现模型

带有网点的印刷叠印时，由于网点角度和网点百分比的关系，网点组织色彩存在两种形式，其一是网点的并列呈色；其二是网点的叠合呈色。

（1）网点并列呈色。是指印刷品上的色彩是各色版上的网点并列分布在承印物上，利用网点的并列来再现色彩。

彩色印刷品的亮调部分在黄、品红、青、黑各印版和原稿相应部位的网点覆盖率比较小，分布稀疏，因而印刷品亮调部分的网点大多处于并列状态，网点并列呈色如图2-14所示。

当黄网点和品红网点并列时，白光照射到黄网点上，黄网点吸收蓝紫光，反射出红光和绿光；白光照射到品红网点上，品红网点吸收绿光，反射出红光和蓝紫光。四种色光在空间进行混合，按照色光加色法，红光、绿光、蓝光混合成白光，而余下的为红光。再者两个网点的距离很小，彼此十分靠近，人

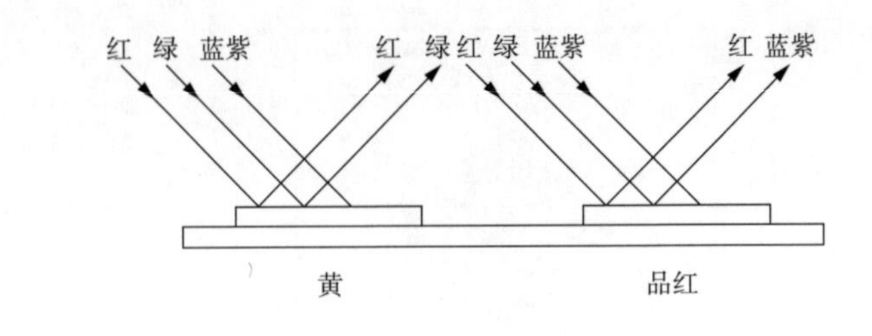

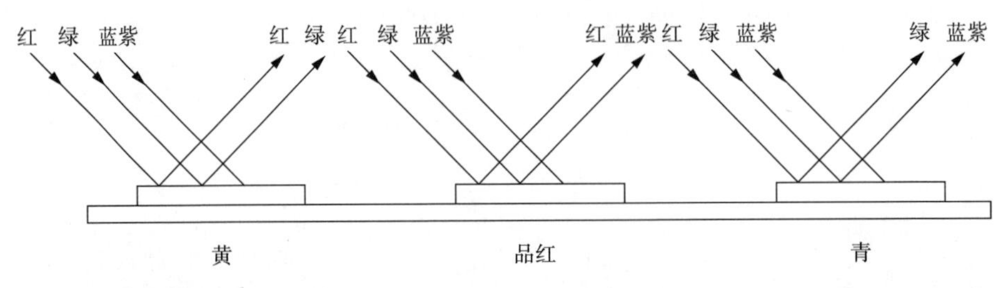

图2-14 网点并列呈色示意图

眼看到的是红色。同理，黄网点和青网点并列人眼看到绿色，品红网点和青网点并列人眼看到蓝色。两个网点并列时，产生的颜色偏色于大网点的一方，例如，大的黄网点和小的品红网点并列时，产生的颜色偏黄色。

黄、品红、青三个网点并列时，由于油墨吸收了部分色光，纸张对色光也有不同程度的吸收，不能100%反射色光，当网点距离很小时，人眼看到的是灰色。然而实际生产油墨并不理想，黄、品红、青三种网点等量并列的结果并非中性灰，这些内容将在下一小节中进行分析。

（2）网点叠合呈色。彩色印刷品暗调部分，黄、品红、青、黑各印版和原稿相应部位的网点百分比都比较大，网点密集，因而印刷品暗调部分的网点大都处于叠合状态，如图2-15所示。

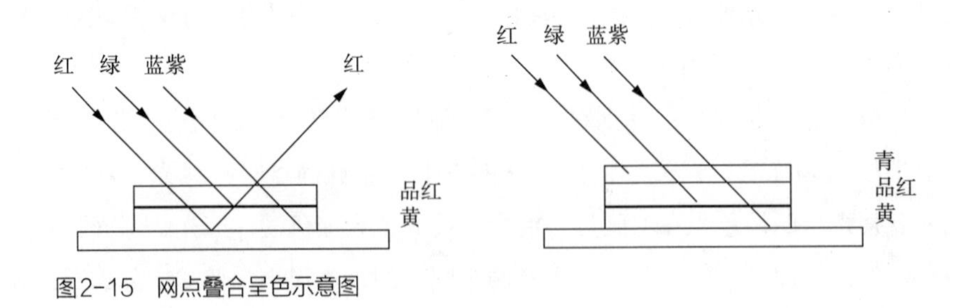

图2-15 网点叠合呈色示意图

当品红色的网点叠合在黄网点上时，白光先照射在品红网点上，白光中的绿光被吸收，红光、蓝紫光透射到黄网点上，蓝紫光被黄网点吸收，这样从纸面反射出来的只有红光，人眼看到的是红色。同理，黄网点和青网点叠合人眼看到绿色，品红网点和青网点叠合人眼看到蓝色。黄、品红、青三色网点叠合在一起时，白光中的红、绿、蓝紫光均被吸收，人眼看到的是黑色。

（3）Neugebauer方程的数学模型。彩色图像复制主要是通过半色调网点的“叠和”与“并列”来呈现原稿上丰富多彩的颜色的，复制品各处颜色的浓淡与该处油墨的网点面积率成一定的比例。Neugebauer方程式根据彩色印刷的呈色原理推导出来的关于网点面积率和颜色三刺激值之间的数学模型的方程。

三种油墨原色（黄、品红、青）在纸上叠印形成8种颜色，这8种颜色称为纽介堡基色（Neugebauer Primaries）。理论上，三色印刷应当能复制在它们色域范围内的一切颜色，但是在印刷工艺上，三色印刷往往达不到理想的效果，尤其是黄、品红、青三色叠印产生的中性灰色容易出现色偏，使图像的暗调部分黑度不够。所以在彩色硬拷贝复制中，除了使用三原色（CMY）油墨之外，还引入了黑色作为彩色复制中的第四种颜色，构成了三色加黑的四色复制工艺，如图2-16所示。实际在彩色硬拷贝复制时增加黑版可以补偿图像暗调的不足，增大图像的反差，在图像中起到骨架作用以及解决单黑色文字的再现问题。因此，实际硬拷贝复制是通过黄、品红、青、黑四种或更多呈色物质的不同网点比例交错组合而呈现数目甚多的各种颜色的。

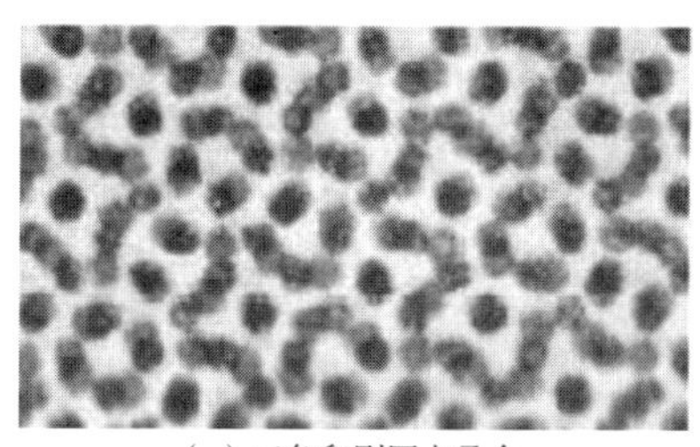

（a）三色印刷网点叠合

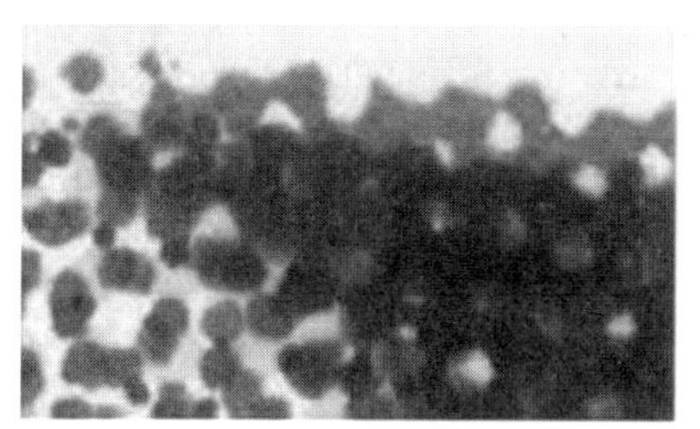

（b）四色印刷网点叠合

图2-16　网点叠合的局部显微照片（网间距约167μm）

在四色（C、M、Y、K）印刷时，如图2-17所示，存在着由四色网点组合而成的16种颜色：黄（Y）、品（M）、青（C）、红（R）、绿（G）、蓝

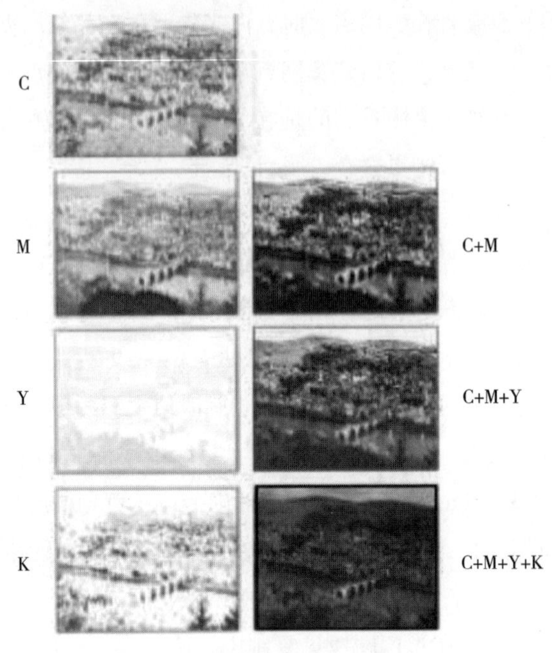

图2-17　四色胶印的色彩合成

（B）、白（W）、黑1（C+M+Y）、黑2（BK）、黑3（C+BK）、黑4（M+BK）、黑5（Y+BK）、黑6（Y+M+BK）、黑7（C+Y+BK）、黑8（C+M+BK）、黑9（C+M+Y+BK），称为Neugebauer方程的色元。如果测量出这十六种颜色各自的三刺激值，则可推算出任意一组已知网点面积率的颜色的三刺激值，或可推算出任意一个已知三刺激值的颜色的可能的网点面积率（因同色异谱的存在，不可能一定为合成该色的原始网点面积率）。这就是Neugebauer方程的两个目的。

Neugebauer方程的数学表达式（2–8）为：

$$\begin{cases} X = \sum_{i=1}^{16} f_i X_i \\ Y = \sum_{i=1}^{16} f_i Y_i \\ Z = \sum_{i=1}^{16} f_i Z_i \end{cases} \tag{2-8}$$

其中，X、Y、Z是所生成色的CIE1931三刺激值，f_i为各色元网点面积率，见表2–4，X_i，Y_i，Z_i分别为各色元的CIE1931三刺激值。

表2-4 Neugebauer方程各色元网点面积率

i	f_i
1	$c(1-m)(1-y)(1-b)$
2	$cm(1-y)(1-b)$
3	$cmy(1-b)$
4	$m(1-c)(1-y)(1-b)$
5	$my(1-c)(1-b)$
6	$y(1-m)(1-c)(1-b)$
7	$cy(1-m)(1-b)$
8	$cb(1-m)(1-y)$
9	$cmb(1-y)$
10	$b(1-m)(1-y)(1-c)$
11	$mb(1-c)(1-y)$
12	$myb(1-c)$
13	$yb(1-m)(1-c)$
14	$cyb(1-m)$
15	$(1-c)(1-m)(1-y)(1-b)$
16	$cmyb$
备注	c、m、y、b分别为青（C）、品（M）、黄（Y）、黑（BK）四色版的网点面积率

在实际应用时，考虑到实际工艺和原材料（油墨、纸张等）的影响，需要给Neugebauer方程加入一些修正系数。公式（2–9）表示加了修正系数的Neugebauer方程。

$$\begin{cases} X^{\frac{1}{n_x}} = \sum_{i=1}^{16} f_i X_i^{\frac{1}{n_x}} \\ Y^{\frac{1}{n_y}} = \sum_{i=1}^{16} f_i Y_i^{\frac{1}{n_y}} \\ Z^{\frac{1}{n_z}} = \sum_{i=1}^{16} f_i Z_i^{\frac{1}{n_z}} \end{cases} \tag{2-9}$$

其中，n_x，n_y，n_z为修正系数。

利用Neugebauer方程，当已知构成某一颜色的青（C）、品（M）、黄（Y）、黑（BK）四色的网点面积率c、m、y、b时，可求得该颜色的三刺激值X、Y、Z；当已知某一颜色的三刺激值X、Y、Z时，可求得组成该颜色的青（C）、品（M）、黄（Y）、黑（BK）四色的网点面积率c、m、y、b。

上述讨论的是适用于完全靠网点面积率变化改变颜色的复制方式，如胶版印刷。另有既通过网点面积率的变化，又通过墨层厚度变化来改变颜色的复制方式，如凹版印刷以及一些NIP成像技术，这部分将在后续章节讨论。

2.4.3.3 加网技术

由网点呈色理论的介绍可知，要通过不同大小、不同颜色的网点生成不同的明暗感觉或色调，实现对多色连续调图像的复制。所以，在硬拷贝设备输出之前要进行一个图像处理过程，使处理过的带有网点的图像要与原始连续调图像在视觉上相似，此过程称为加网过程（Screening Processes）或半色调处理过程（Halftone Processes）。采用半色调加网技术将连续调原稿色调变为二值元素（像素、半色调网点）是硬拷贝设备表达色彩的关键所在。

早在1852年英国物理学家塔布特（W.H.Fox.Talbot）以类似于纱布的东西作为网屏，成功地将连续调图像分解为由大小不同而每点密度均匀的网点组成的半色调图像，通过大小不同的网点来表现出不同层次的深浅图像。此项发明在英国获得专利。随着时代的发展，技术的进步，加网技术从传统的玻璃网屏加网、接触网屏加网、电子网屏加网，发展到数字加网。

20世纪70年代，随着计算机图形图像显示技术和硬拷贝设备的发展和推广，数字加网技术就应运而生了。最先被提出的聚集点有序抖动算法，类似于传统加网方式，仍然是对光强度的调制方法，因此把它称为“调幅（Amplitude Modulated，简称AM）加网”。从1972年以后陆续出现了Bayer模式抖动的加网算法（也称离散点有序抖动的算法）、Floyd—Steinberg误差扩散等调频调制的加网算法，由于网点分散分布，相对地，它们都称为“调频（Frequency Modulated，简称FM）加网”。

（1）调幅加网（AM）。具有一定的网目频率、网目角度和网点形状，通过网点覆盖率变化再现图像阶调的网目结构。在调幅加网方式中，单个网点等距离分布，但网点直径不同（由网点的形状决定），如图2–21（a）所示。

调幅加网的网点有加网线数、网点的形状和网角这三个参数。

加网线数。沿网线角度，单位长度内所容纳的网点的行数，常用的加网线数见表2-5。

表2-5　常用加网线数表

加网线数表								
线/英寸	60	75	80	100	120	133	150	175

加网线数越高，单位面积内容纳的网点个数越多，表现图像层次越丰富。在选择网点线数时，要综合考虑原告的种类、复制品的用途、油墨及纸张的特性等因素，如图2-18所示。

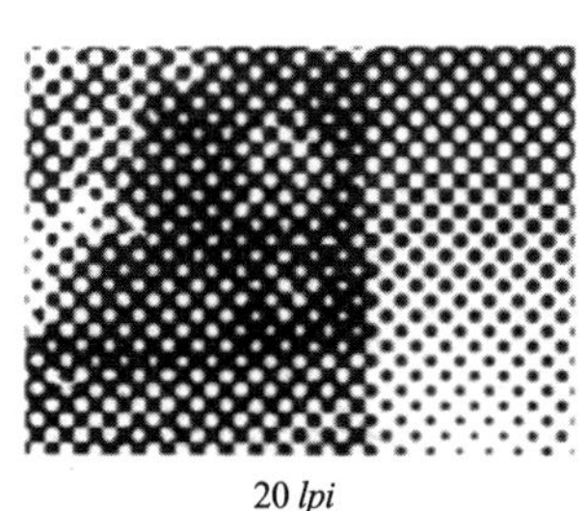

20 *lpi*　　75 *lpi*

130 *lpi*

图2-18　不同网线数表现效果

网线角度：有公共邻边的网格中心连线与基准线之间的夹角叫作网线角度。基准线一般是水平的。常用的网线角度如图2-19所示。常用的网角多为

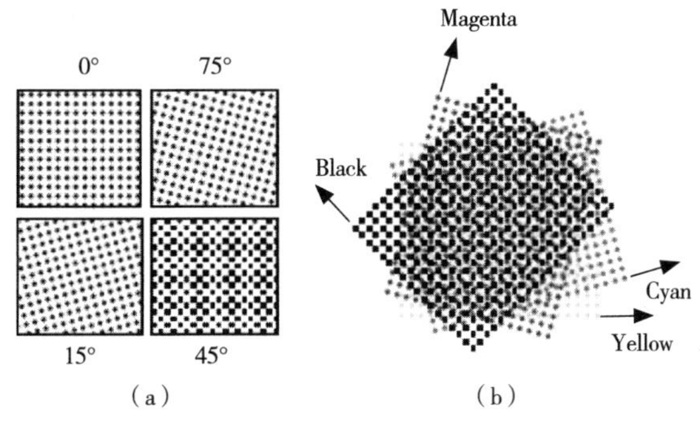

图2-19　常用的网线角度

90°（即0°）、15°、45°、75°。由于人眼视觉系统对45°方向最不敏感，因而一般在单色印刷中多采用45°。网线角度的选择在制版印刷中是一个重要的问题。选择的原则是：尽量使网点的方向性不被察觉，更重要的是要注意多色版的网线角度搭配，不能产生龟纹。

网点形状：传统的加网技术中，网点的形状是由网屏的结构决定。而在数字加网技术中网点形状是由网点模型控制的。最常见的网点形状有圆形、菱形、椭圆形、线形和方形，如图2-20所示。在印刷复制过程中，为了达到某种特殊的艺术效果，还使用特殊形状的网点。

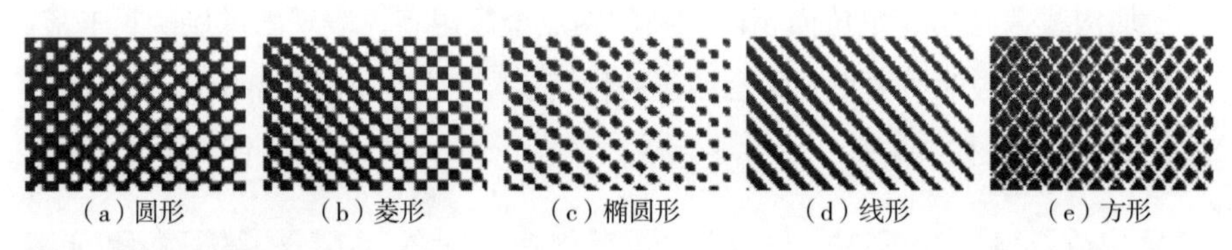
（a）圆形　（b）菱形　（c）椭圆形　（d）线形　（e）方形

图2-20　不同的网点形状

（2）调频加网（FM）。具有固定的网点大小和形状，通过网点空间频率变化再现图像阶调的非周期性网目结构。

在调频加网方式中，单个网点具有相同的直径，但是距离不同（非周期性加网），如图2-21（b）所示。在使用调频加网将原稿的连续调值变为大量的网点时，网点尺寸根据不同随机算法的分布确定。

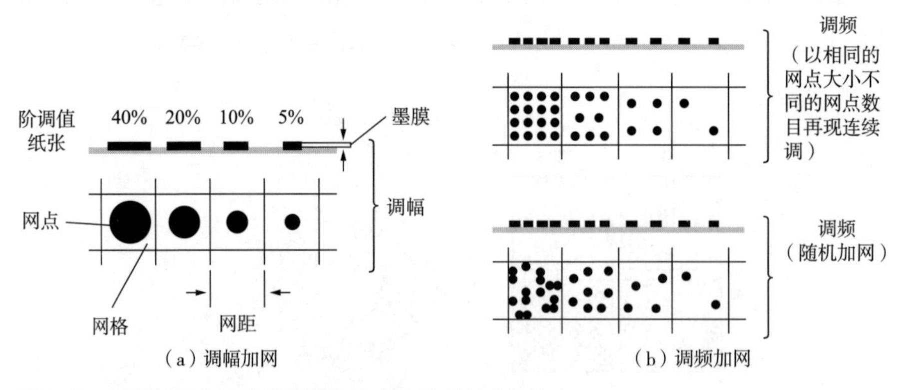

（a）调幅加网　（b）调频加网

图2-21　调幅加网（AM）和调频加网（FM）的技术比较

如图2-22所示，描述了调幅和调频两种加网方式的效果比较。在使用尽可能小的相同网点时，FM加网在印刷中可获得比AM加网更好的复制。多色连续调复制时，FM加网产生更高的分辨率，而且FM加网还可以防止了玫瑰斑。

（a）调幅加网

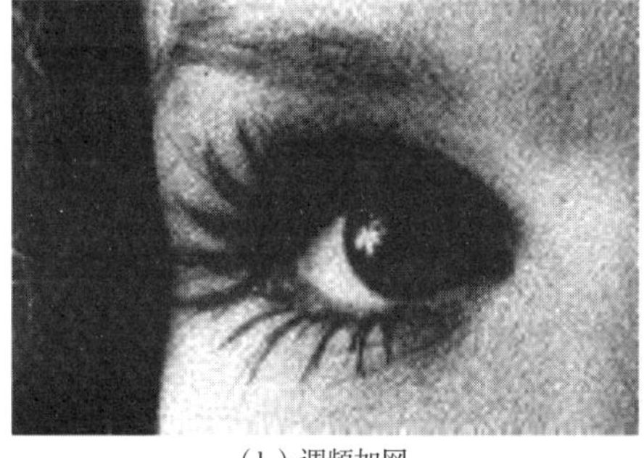
（b）调频加网

图2-22　采用调幅加网（AM）和调频加网（FM）再现连续调的效果比较

（3）混合加网。混合加网方法是连续调色调再现的最新技术。它根据连续色调的状态，同时采用AM和FM两种加网方式。在极高光和极暗调区域，采用FM加网；而其他调子区域则采用AM加网，如图2-23所示。

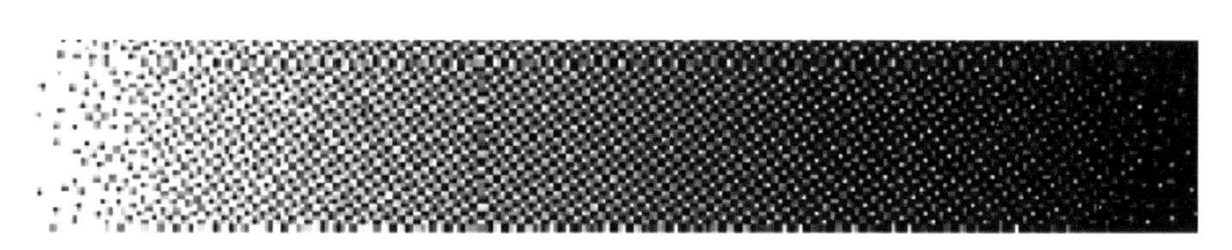

图2-23　混合加网—调幅和调频的结合

（4）强度调制。网点呈色有两类，一类是所有的网点在承印纸张上的墨膜厚度相同，依靠不同的网点面积率来产生色调值；另一类是对墨膜厚度加以调制，并由此来调制光学密度，如图2-24所示，以不同的厚度传递不同大小的网点，通过网点面积率和墨膜厚度的变化来实现色调值的变化。在凹版印刷利用网穴的不同深度达到不同的墨膜厚度，无压印刷（NIP）也有相关技术对墨层厚度进行调制。通过密度调制与调幅或调频加网的组合，可以获得更大的印刷色域和更完善的细节。

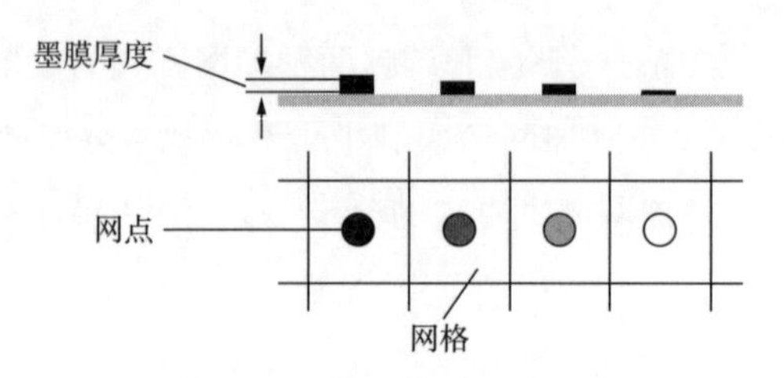

图2-24　通过改变墨膜厚度实现光学密度调制

（5）数字加网技术的灰度值。数字加网技术是一种通过微小二进制点阵元素的排列来产生连续调图像的计算机处理算法，已经实际应用在计算机直接输出技术中。数字加网技术如图2-25所示，通过单个细小的图像元素组成网点来模拟原稿的色调值。

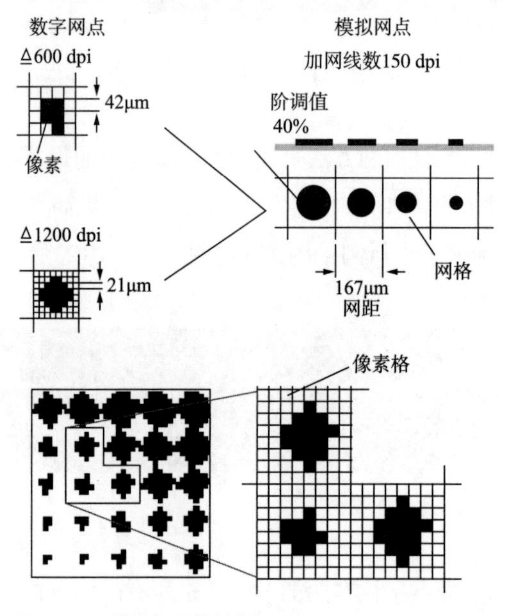

图2-25　数字加网的结构

数字化加网技术能够由不同像素单元尺寸与间距的分隔网点来模拟连续色调值，形成不同数量与形状的单个网点（簇）组合。如果网点是由单个图像元素产生，则该网点能够产生的色调值的数目（灰度级数）N，由加网单元的大小（加网线数L）、分辨率A（dpi）和每个像素能够产生的灰度值（g）共同确

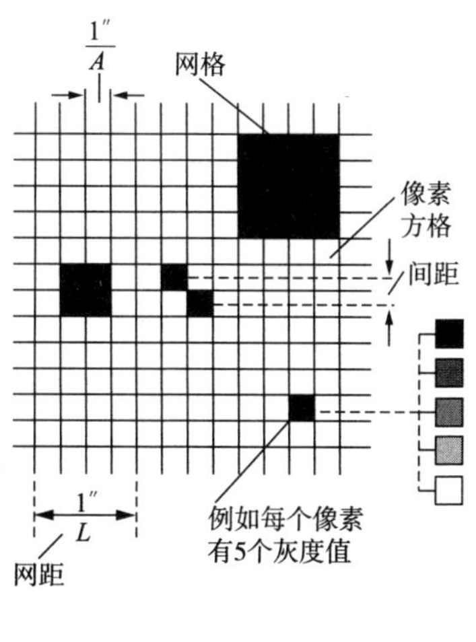

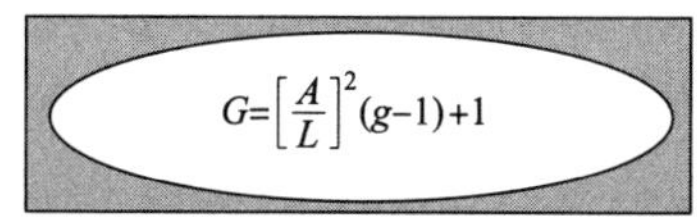

图2-26　在数字加网技术与图像结构中加网线数、分辨率和像素灰度值的关系

定，如图2-26所示。

$$N=(g-1)\times(A/L)^2+1 \tag{2-10}$$

例如，当L=150lpi和A=1200dpi时，每个像素能够产生5个灰度值，即个g=5，则每个加网单元的灰度值为257级。而对于二值像素（g=2），当采用150lpi和1200dpi的加网时，灰度］级的数量是65。可见如果每个像素由不同的灰度填充，可以大大提高色调复制范围。

2.5　色彩空间的比较和色域

根据各种不同呈色设备的呈色机制和表色系统的分析，可知每种设备都以独特的方式再现颜色，即每种设备都有自身的色彩空间。而基于CIE的色彩空间是从人眼的感官角度建立的不依赖于设备的空间。各色彩空间的技术比较见表2-6。

表2-6 典型的色彩空间的比较

	RGB	CMY（K）	CIEXYZ
设备独立性	无	无	有
应用	显示器、扫描仪	打印机、印刷机	所有类型
加/减空间	加	减	加
色彩范围	小于可感知颜色	小于可感知颜色	所有可感知颜色
物理特性	荧光粉等	油墨、印刷介质等	无关

通常，使用CIE色彩空间来表达设备所能够再现的色彩范围，称为色域。每种设备都有特定的色域；每种印刷工艺、材料组合都有特定的色域。色彩信息无论采用何种表色方式，任何一个色彩空间都能够抽象描述为一个数学上的三维空间。如图2-27所示的三维立体很好地解释了CMY（青品黄）色空间和纽介堡方程的几何意义。

如图2-27所示，以正方体来描述CMY色空间的，这个六面体具有八个顶点，每一个顶点代表一种基色。三个坐标轴分别代表三种原色油墨的网点比

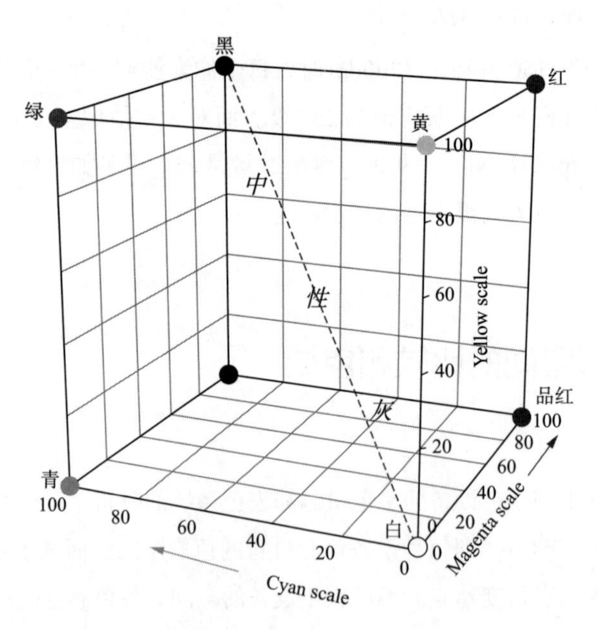

图2-27 CMY色彩空间

例，两种原色的混合色位于两原色坐标轴确定的平面内，三色印刷得到的任何颜色的网点比例都可以用从原点出发的矢量描述，也可以理解为是八个顶点的基色加权平均值，而权重值为三原色网点面积率的函数。CMY色空间的黑白两顶点的对角线为中性灰线。

理论上，三色印刷应当能复制在它们色域范围内的一切颜色，但是在印刷工艺上，三色印刷往往达不到理想的效果，尤其是黄、品红、青三色叠印产生的中性灰色容易出现色偏，使图像的暗调部分黑度不够。所以在彩色印刷复制中，除了使用三原色油墨之外，还引入了黑色作为彩色复制中的第四种颜色，构成了三色加黑的四色印刷工艺。实际印刷时增加黑版可以补偿图像暗调的不足，增大图像的反差，在图像中起到骨架作用以及解决文字的印刷问题。

由此，实际印刷是通过黄、品红、青、黑四色油墨的不同网点比例交错组合而呈现数目甚多的各种颜色的，如果每个原色取十六个层次，那么大小不同的网点相互叠色印刷就可获得83520种颜色。

设备色域通常用二维平面图和三维立体图来表示。二维色彩空间除去亮度信息，显示了色域的外部边缘；三维色彩立体包含了色相、明度、饱和度所有信息，特别适用于比较打样与印刷的色域大小，因为它可以直观地表示出印刷色域是否完全包含在打样色域中。如果出现图2-28（b）所示在红色区内印刷色域超出了打样色域，可以对打印机的色彩特性文件编辑修改。

以上对色空间和色域的分析，可以进一步加深对色彩管理的基本策略理

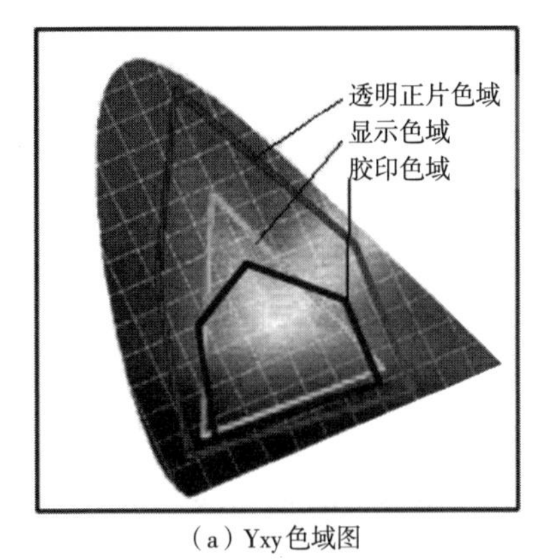

（a）Yxy色域图

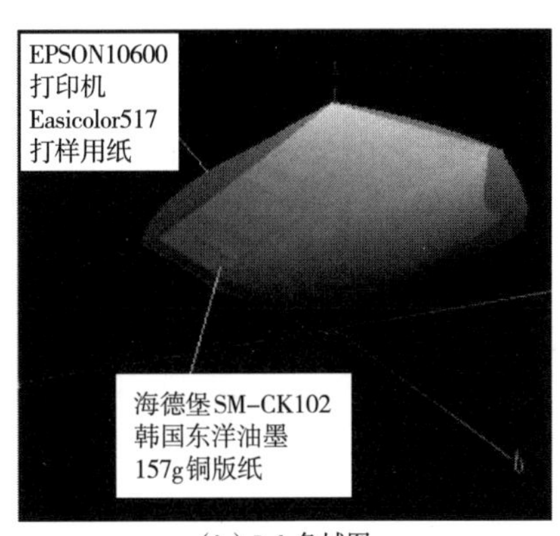

（b）Lab色域图

图2-28　Yxy色域图和Lab色域图

解：选择一个与设备无关的参考颜色空间，对整个系统的各个设备进行特性化描述，即建立各个设备的色彩空间和与设备无关的参考色彩空间之间的关系，从而使得数据文件可以根据定义的关系在各个设备之间进行转换，实现彩色印刷的“所见即所得”。

2.6 色彩管理的原理

2.6.1 色彩管理的内容

色彩管理的内容可概括为“3C”，即设备校准（Calibration）、色彩特性描述（Characterization）、色彩转换（Conversion），如图2-29所示。

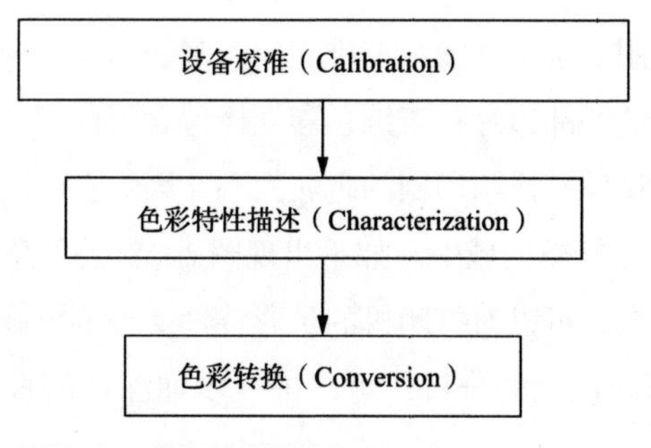

图2-29 色彩管理系统的3C

2.6.1.1 设备校准

设备校准是色彩管理的前提条件，它是指在标准或参照环境下，确保系统中所有设备（扫描仪、显示器、输出设备等）以各自的呈色方式来正确地再现色彩的过程，使色彩信息在获取和传递过程中具有时间上的连续性，即保证同一设备在不同时刻的显色性能的一致性。

2.6.1.2 色彩特性描述

色彩特性描述是色彩管理的基础，色彩特性描述是指通过测定各种不同设备和材料（如扫描仪、显示器、彩色数字打印机、印刷油墨、纸张等）的显色规律，用恰当的表色系统来描述各设备的呈色性能。特性描述是测量和确定各种不同输入、显示、输出设备色域或可再现颜色集的一种方法，经特性描述后建立的显色范围数据组成了设备特性描述文件。目前ICC Profile是一种标准化的色彩特性描述文件格式，它是进行色彩空间匹配的依据。

2.6.1.3 色彩转换

色彩转换就是指在整个流程中的各个设备之间，以特性描述文件提供的信息来实现不同设备之间的色彩匹配。

在任何色彩管理过程中，只有根据一定的标准或参照目标对特定系统中各个设备进行色彩校正，建立各自表征其色彩表达能力的色彩特性描述文件，并根据应用要求，建立以色彩特性描述文件为基础的色彩转换模型与方法，才能最终实现系统内各个环节的色彩匹配。

因此，一个色彩管理系统应该包括以下几个部分[29][30]：

（1）色彩匹配处理程序，用于解释设备特性描述文件，并根据文件中描述的设备色彩特性，转换成不同的色彩数据。

（2）与设备无关的色空间，在转换过程中，起到设备色彩信息连接的作用。

（3）用于描述设备的色彩特性文件（DCPs——Device Color Profiles）。其中DCPs是多个色彩特性文件的集合，包括输入、显示、输出设备的色彩特性。

2.6.2 基于ICC的色彩管理

ICC色彩管理框架是国际色彩联盟构建的一种包括与设备无关的色彩空间PCS、设备颜色特性文件的标准格式ICC Profile和色彩转换模块CMM的系统级色彩管理模式。基于ICC的色彩管理是一种实现于操作系统层的、通用的，独立于设备的色彩管理系统。

2.6.2.1 ICC Profile——色彩特性描述文件

在基于ICC的色彩管理系统中，色彩在不同的设备之间转换时，以设备无关的色彩空间PCS作为桥梁，由色彩转换模块根据ICC Profile提供的信息进行运算。为了进行色彩管理，生产系统中的所有设备都要有自己的特性文件。ICC标准规定了三种基本设备特性描述文件，第一类是输入设备，如扫描仪，数码相机的特性文件，也称为源特性文件（Source profiles）；第二类是显示设备特性文件；第三类是输出设备特性文件，如各种打印机、印刷机的特性文件，也称为目标特性文件（Destination profiles）。

按照ICC规范，无论什么类型的特性文件，都由文件头、标签表和标签元素数据三部分组成。文件头为固定的128字节，记录了色彩特性文件的基础信息，提供给系统正确查询、检索ICC色彩特性文件的信息。第二部分是标签表，它的前4字节记录了标签表中的标签数量，其后是每个标签索引内容，每个标签索引内容为12个字节，分别记录了标签名称、大小和偏移地址。第三部分为标签元素数据，用来提供色彩管理模块进行色彩转换的完整信息和数据，如图2-30所示。

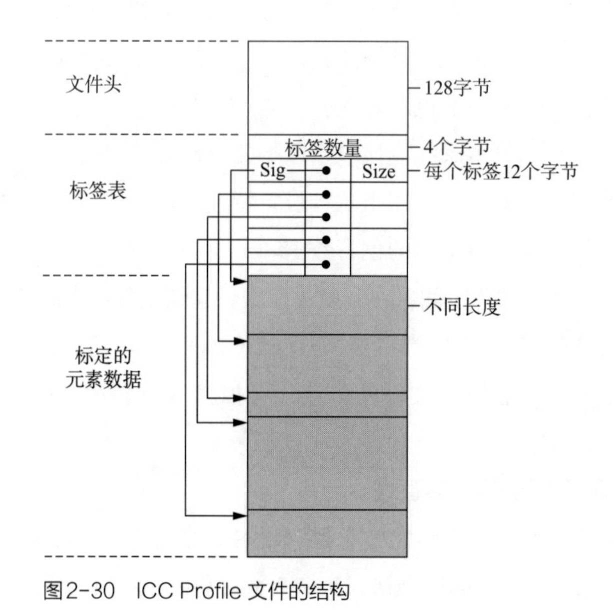

图2-30 ICC Profile 文件的结构

不同的特性文件中标签的内容和个数根据特性文件的种类有所不同，每一个标签对应的数据或其他形式的信息在相应的元素数据部分给出。以基于矩阵转换三通道输入设备的特性描述文件为例，它必须包含以下标签，见表2-7。

表2-7 基于矩阵转换的标签表

标签名称	标记	描述内容
Profile DescriptionTag	desc	Profile的描述信息

续表

标签名称	标记	描述内容
Red ColorantTag	rXYZ	红通道XYZ相对三刺激值
Green ColorantTag	gXYZ	绿通道XYZ相对三刺激值
Blue ColorantTag	bXYZ	蓝通道XYZ相对三刺激值
Red TRCTag	rTRC	红通道阶调复制曲线
Green TRCTag	gTRC	绿通道阶调复制曲线
Blue TRCTag	bTRC	蓝通道阶调复制曲线
Media WhitePointTag	wtpt	介质白点的XYZ数据
Copyright Tag	cprt	7位ASCII码的版权信息

2.6.2.2 基于ICC的色彩管理系统

基于ICC框架构建的色彩管理系统CMS（Color Management System）由以下部分组成：生成色彩特性文件的软硬件工具；色彩管理模块；支持CMS的应用程序。

如图2-31所示显示了色彩管理系统的结构，其中CMF是色彩管理机制（Color Management Framework）的缩写，作为应用软件与色彩管理模块之间的接口，这个接口允许添加第三方的CMM。

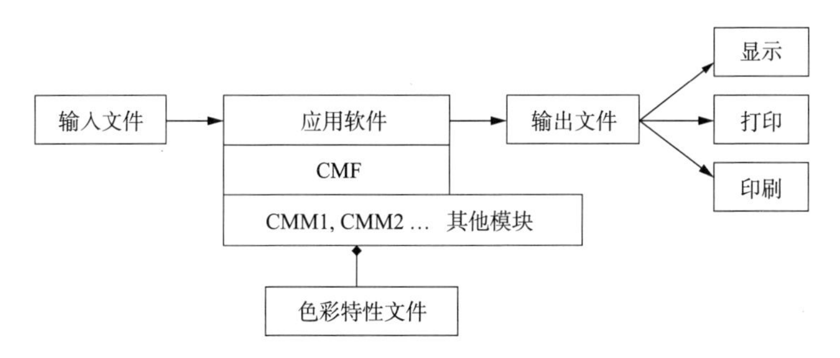

图2-31 色彩管理系统的结构

目前，国外许多厂商和公司已经在相关的计算机平台上开发了CMS以及基于ICC标准的软硬件产品。典型的产品有：苹果公司的ColorSync、微软Windows95的ICM、SunSoft的KCMS、SGI的CosmoColor等。

2.6.2.3　基于ICC的色彩管理工作流程

基于ICC的色彩管理工作流程如图2-32所示，其核心是：

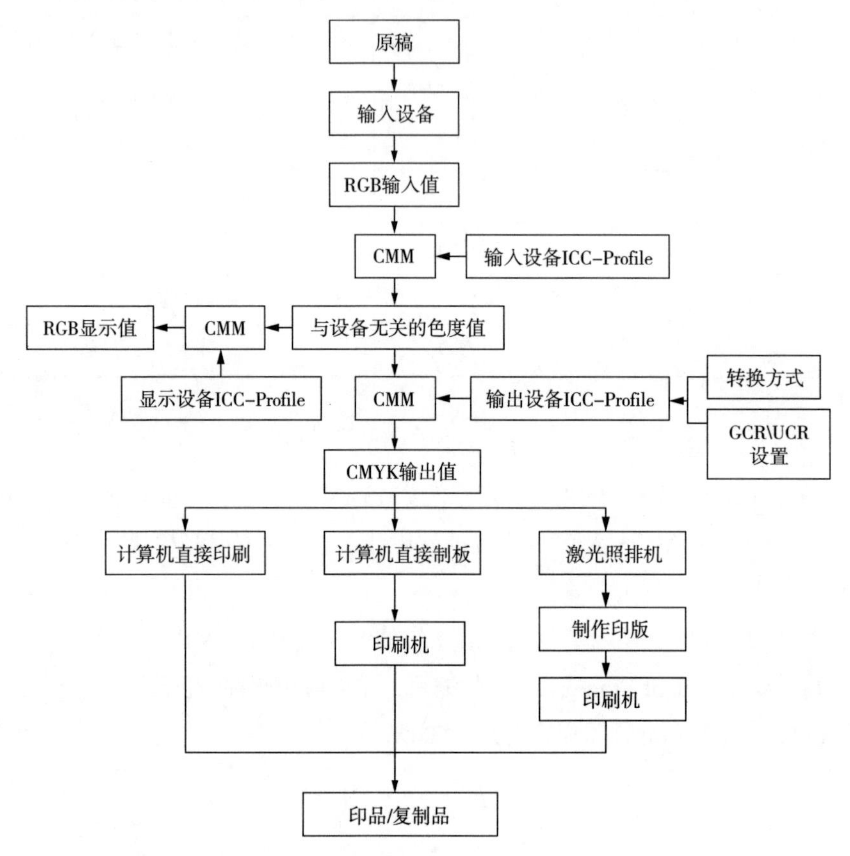

图2-32　基于ICC色彩管理的印刷复制流程

（1）由图像系统的输入设备扫描仪或数码相机获取图像的最初采样颜色信息，色彩管理系统的CMM将采样颜色信息转换到与设备无关的连接空间，得到与设备无关的色度值。在这个转换过程中，CMM要调用输入设备的色彩特性文件（ICC Profile）来进行工作。也就是说转换的依据是输入设备的色彩特性文件。

（2）进行图像颜色显示的色彩管理。因为显示器是处理图像的检视中心，为了使图像在显示器上保持颜色和在其他介质上一致，色彩管理系统将颜色又一次进行转换，把与设备无关的色度值转换为显示器的RGB显色值，即把色彩由与设备无关的颜色空间转换到与显示器相关的色空间中。

（3）输出设备的色彩管理。由色彩管理系统将与设备无关的色彩数据转换到输出设备的色空间中，在转换过程中同样要调用输出设备的色彩特性文件。同时在转换过程中还要考虑色彩匹配的方法和输出设备的生产前提条件。

从色彩管理系统工作的流程中可以看出，ICC Profile是色空间转换时的依据，色彩管理模块就是从色彩特性文件中获取颜色转换的信息，因此色彩管理工作的核心是建立能够精确表达设备色彩特性的ICC Profile。

第 3 章
设备色彩特性描述的方法

PART
3

在目前以“3C”为核心的色彩管理中，3个C是三个连续相关的作业步骤。其中，设备校正是前提、设备色彩特性描述是基础、色彩转换是目的。

在这个意义上，色彩管理要求每种输入或输出设备都经过正确校准，通过校准确定同一设备在不同时刻显色性能的偏差情况，使色彩在获取和传递过程中具有时间上的连贯性。所以，设备校准是色彩管理“3C”的首要环节，是色彩特性化描述的前提条件。色彩特性描述则是在已经建立各种设备工作基准的基础上，通过色彩测量将表达设备色彩空间各种特征色的标版数字化，再使用专用软件建立各个设备的色彩特性描述文件，它是色彩空间转换和色彩匹配准确的基础。

3.1 设备校准

设备校准的对象包括基于RGB加色法呈色机制的扫描仪、显示器，以及基于CMYK减色法呈色机制的打印机、印刷机。

3.1.1 输入设备的校准

在印刷工艺中，常采用的输入设备是扫描仪。大多数扫描仪均按已知呈色规律制造，但由于制造过程中的偏差、环境温度、湿度和部件老化等因素的影响会出现呈色性能的差异，因此必须进行校准。扫描仪的校准是指从胶片或纸张上的原稿测得的待定光强的校准，校准的指标主要有白平衡、γ 值、中性灰平衡。

（1）白平衡校准。白平衡的执行就是用标准的白平衡板为原稿，将扫描头对准白平衡板，把各个分色通道（如RGB）的基本电信号调节至相等。

（2）值校准。调整各个传感器件，使各个通道输出值的反差相同。

（3）灰平衡校准。建立各个分色通道之间的色彩关系，使各个分色通道的色彩值能够正确地再现中性灰色。

（4）色彩校准。通过对各个传感器对不同光谱敏感性不足的补偿，使色彩信息能够获得最好的再现。

3.1.2 显示设备的校准

在印刷工业中常用的是CRT显示器，由于不同显示器之间乃至同一台显示器在不同的时间段内都会表现出显色性能的差异，因此，必须对显示器进行校准。显示器的校准指标主要包括亮度、白场、色温等。

（1）色温（白平衡）。显示器白平衡的确定通常利用显示器白色区域的色温或白色区域的三刺激值表示。由于当绝对黑体连续加热温度升高时，其相对光谱能量分布的峰值部位向短波长方向移动，所以发出的光带有一定的颜色，其变化顺序是红—黄—白—蓝。所以色温反映屏幕上白色区域的颜色平衡，色温低则屏幕偏黄，色温高则屏幕偏蓝。一般显示器的色温为9300K，为了模拟纸张特性，使操作者在屏幕上看到的图像颜色与输出在纸张上的颜色尽可能接近，要求显示器的色温调到5000 ~ 6500K。

（2）伽马值修正。伽马值表示系统输入值和输出值之间的一种比例关系，一般把Mac机伽马值（Gamma值）设为1.8，PC机Gamma值设为2.2。

（3）亮度和对比度可按不同软件中给予的提示调节。

3.1.3 输出设备的校准

在印刷工业中常用的输出设备有打印机和印刷机。

3.1.3.1 打印机校准

目前，大多数中高档打印机具备机内校准功能，另外可由设备制作厂商或第三方提供的软件进行校准。主流的数码打样软件如BlackMagic、Best colorproof、GMG、方正写真手都包含了打印机的基本校准程序，综合它们的调整过程可以得出，打印机校准的主要指标有确定总墨量限值、各个原色与叠色实地色块的最大墨量、各个原色单通道的线性化和灰平衡。

以Best colorproof数码打样系统的校准为例，其中总墨量限值的具体调试方法是首先通过数码打样系统打印出如图3-1所示的测试条，再用分光光度计分别测量测试条中各个色块，计算得到一个总墨量参考值。接着打印出如

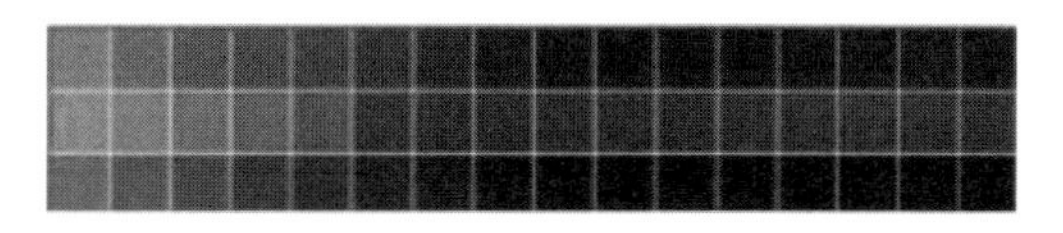

图3-1 总墨量限值测试条

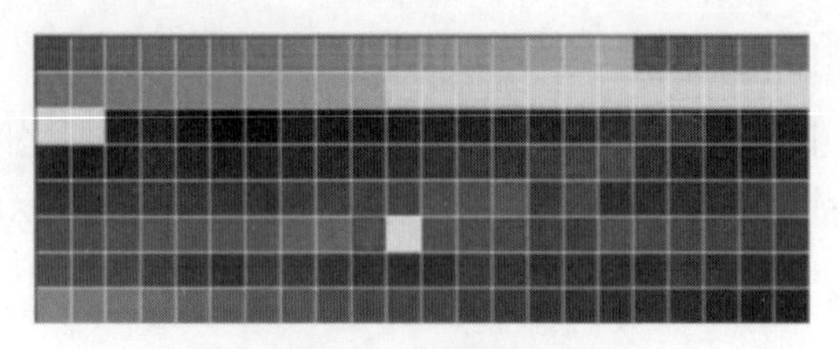

图3-2　原色单通道最大墨量测试条

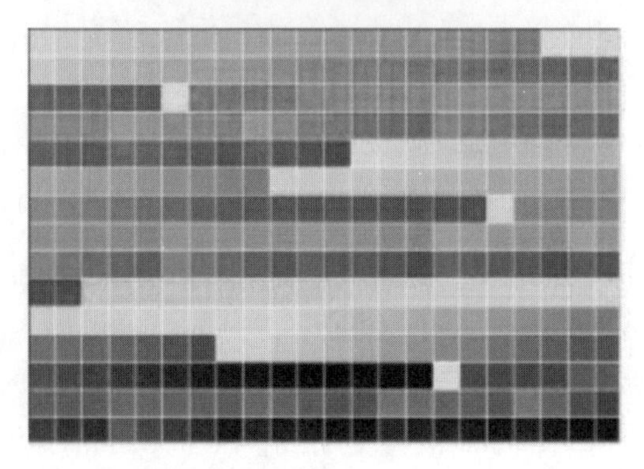

图3-3　线性化测试条

图3-2所示的测试条，通过测量计算来设定单通道墨量的限值。

在确定总墨量限值和单通道最大墨量限值之后，打印输出如图3-3所示的测试条进行线性校准，测量分析得出墨量与密度、墨量与色度的变化关系，将输入与输出值调节到基本线性的状态，然后进行灰平衡校准，以建立各个单通道之间的色彩关系，最终使打样系统处于符合生产标准的基准上。

3.1.3.2　印刷机校准

印刷机是整个色彩复制系统的"终点"，印刷机的色彩特性描述文件是描述"终点"的设备色彩复制特征和色域范围，系统中的其他设备都以这个最终目标作为参照。从印刷技术标准委员会（CGATS）发布的技术报告可知，印刷机的校准在色彩管理系统中处于极其核心的地位。要使整个复制过程稳定而精确地传递色彩，核心的问题是必须确保印刷机处于校准稳定的状态，如果这个复制链的"终点"是漂移不定的，那么整个色彩传递过程不可能具有可重复性和稳定性，如图3-4所示。

因此，必须重点注意：

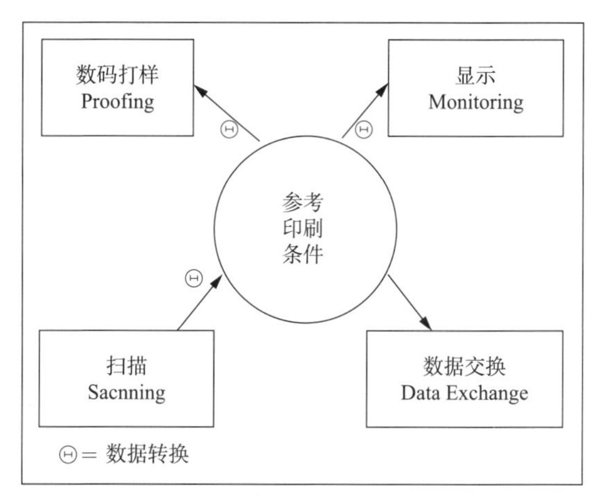

图3-4 印刷机校准的意义

（1）印刷机校准目的是要保持印刷操作过程的可重复性和一致性，使印刷机达到稳定工作状态，印刷的结果可预示。一个经过校准的印刷机能够提供一个预期的结果，整个色彩复制系统都要依赖于这个预期的结果。

（2）印刷机校准通过为某一印刷机建立一组过程控制达标值而实现的。过程控制达标值代表了能够达到的印刷条件，如果印刷条件始终保持一致，就能保证色彩的一致性。印刷机校准的具体控制参数及其达标值的选择方法如下：

① 过程控制参数。实地密度值和网点扩大值是校准过程中最重要的过程控制参数。在进行作业准备和印刷机运行时，操作者必须检测机器的印刷条件，并且记录印刷过程参数，以保证这些数据在允许的范围内。如果操作者发现其偏离了标准，在正式印刷开始之前，必须先调节印刷机，使过程参数达到目标值加减允差值所在的范围内。

A. 实地密度值。在印刷工艺控制和图像复制控制过程中，实地密度是需要测量的最重要特性。它表示的是印刷品复制过程中所能得到的色块的最大饱和度。必须控制主色调和叠印色实地密度，当一次色和二次色实地密度达到一组具体的目标值，整个色域就基本确定下来了。

实地密度是印刷操作者在印刷机运转过程中可调整的变量。密度测量以墨膜厚度为测量基础，密度的大小直接反映了从印刷品反射的光量多少，因而从该数值可以直接判断颜色的深浅、油墨的厚薄，这对于指导操作人员正确地控制每个印刷机组上给墨量是非常重要的。

网点扩大、印刷反差、色差等其他一些印刷特性，也依赖着实地密度来确定它们代表的是正常的还是异常的印刷条件。例如，当密度值大于或等于色标上的值时，出现较大一点的网点扩大是正常的也是可以控制的；相反，如果用比要求低的密度印刷而网点扩大却高于正常值时，则说明有异常情况出现。

B. 网点扩大值。网点扩大并非印刷缺陷，它的发生是很正常的、可以预料的，因为网点从橡皮布向纸张转移时，必定会产生扩大。网点扩大可以在彩色分色过程中进行补偿校正，或在制作胶片、打样、印刷过程中进行测量和控制。无论网点扩大高低如何，都无法评论其好坏，一旦失去控制或不稳定才是有害的。所以需要把网点扩大控制在某个标准范围内。

综上所述，印刷时只有必要的过程参数达到允差范围，印刷过程才具有可重复性和一致性。

② 过程控制参数达标值和允差的选择。选择工艺参数规范的达标值和允差有以下两个途径：

A. 使用一些工业标准或规范中的印刷控制参数作为达标点，通过确保原材料和工艺参数达到标准所规定的范围来获取一致的颜色输出。ISO、SNAP、GRACoL、SWOP、FIRST等协会建立了面向胶版印刷、卷筒纸印刷、单张纸印刷、报纸印刷、广告印刷等一系列行业标准，这些规范给出了技术实施的详细指导，规定了印前制作、印刷过程中几乎所有参数所要达到的目标值以及要遵循的允差。如ISO 12647-2是针对胶印标准化的规范说明。如果所有相关操作人员都遵循了这些参数说明，那么整个印刷过程就具有了可重复性和一致性。遵循标准就意味着复制过程的每个操作人员能通过统计学的方法监控和完善生产工艺，印刷过程中的每一步都应该被测量和确认，以判断是否符合质量标准。

但是，实际操作过程往往达不到一组特定的工业标准值，尤其是二次色叠印值，由于受到网点扩大、油墨叠印率的影响。要使实地密度、网点扩大达到工业标准，这往往意味着迫使印刷机超出它所能够达到的最佳状态。

B. 使用工厂内部自定义的工艺参数达标值和允差，建立在日常生产环境下，特定印刷油墨、承印物下印刷机的最优状态。该标准符合该厂正常的工艺操作环境，能使印刷机处在一种可控的状态，能得到可预期的输出结果。印刷机操作者以最优状态为标准，通过合适的控制不断靠近这个状态，从而引导获取印刷机最高质量的色彩复制。

总之，为了获取印刷机特性化数据，必须遵循行业标准或者工厂自定义的标准，确保输出的标准样张是在机器经过校准的工作状态下得到的。

除用户自己制作的特性文件以外，也有一些预先制作好的，所谓参考色彩特性文件（Reference Profiles），参考色彩特性化文件是以工业标准或规范中的印刷控制推荐参数作为达标点，在一组特定的油墨、纸张条件下，把颜色与其对应的色度数据记录成查找表的形式。例如，符合ISO 12647-3的报纸印刷或根据ISO 12647-2在确定的纸张上进行的胶印。此外，还有只用固定类型纸张的无压印刷（NIP）输出设备，其制造商也提供预先制作好的设备色彩特性文件，这些特性文件提供给标准化的过程使用，与标准的校准状态相关联。如果在运行的过程中，这些设备的校准状况发生了变化，则其通用的色彩特性文件就不能再使用了。

3.2 色彩特性及其描述文件的建立

色彩特性描述是指通过数字化的测色方法来测量和描述各种不同设备和材料对空间信息色彩的呈色性能。色彩特性描述可以根据测量参数来确定各种设备和材料的色域或可再现色彩集合的范围。经过特征描述后，所建立的设备和材料的色域范围数据，称为设备色彩特征描述文件。

3.2.1 色彩特性文件的技术框架

色彩特性描述的目的是获得工艺流程中各设备在校准状态下的颜色复制特性，具体的实施方法是通过客观、准确的色彩测量记录设备色彩性能的数据，并使用专用的软件，把这种数据保存为色彩特性文件，即一种在图像输入或输出设备与CIE色度值XYZ或$L^*a^*b^*$之间构成的数值上的连接关系。

设备特性化的技术框架包括三要素：色彩特征化标版、色彩测量仪器及设备特性化专用软件。

（1）色彩特性化标版。是在对输入、输出设备色彩空间特性分析的基础上，对色彩数字化的抽象与综合表达。

（2）色彩测量仪器。客观、准确地测量记录色彩特征描述的标版上色块的色度值。

（3）设备特性化专用软件。把测量结果输入到设备特性化专用软件内，使用软件特定的计算方法，按照一定的规范生成设备的颜色特性文件。

3.2.2 色彩特性化标版

3.2.2.1 特征色的选取

近代色彩科学的理论和实践表明，色彩是三维空间矢量。任何一种颜色，只要知道了表示该色彩特征的三个独立的分量，就可以唯一确定该颜色。孟塞尔表色系统用色相、明度、彩度三属性来唯一确定某一颜色；显示设备以RGB三个分量来表示颜色；输出设备以CMY三个分量呈现颜色；国际照明委员会（CIE）以三个分量L^*、a^*、b^*构建了与设备无关的CIE1976LAB色彩空间。由此可见，对任意颜色都可以用三个独立的特征参数来确定，所以可以把一个色彩空间抽象描述为一个数学上的三维空间，空间中每一点代表一种颜色，整个色彩空间的颜色数量可达数百万种。从工程实践的角度来看，精确描述与控制三维空间中的每一个“点”，并用计算机进行每个颜色点对点的色彩空间转换，是难以实现的。为了使数据量保持可处理性，就必须找到对颜色三维空间描述起关键作用的色彩。色彩特性化标版的建立就是通过科学的方法，寻找出能够准确表达这个三维空间的特征色，并给予标定，以达到精确地描述色彩三维空间的目的。

特征色是在色彩空间中对色彩转换起基础和控制作用的颜色，即能够以最少的色彩数目，就能够完整、准确地描述整个色彩空间的颜色，所以它们是色彩空间建立的基础。

在选择特征色之前，需要对颜色做一个分类。颜色可以分为两大类：非彩色和彩色。

非彩色即中性色，是白色、黑色和各种深浅不同的灰色，是只有明度变化，而没有色度变化的颜色。

彩色是指色相、饱和度和明度都可以产生变化的颜色，如图3–5所示。彩色可以分为一次色、二次色、三次色。

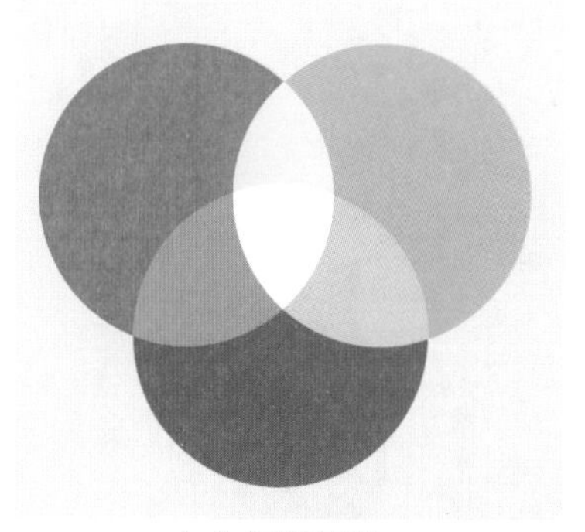

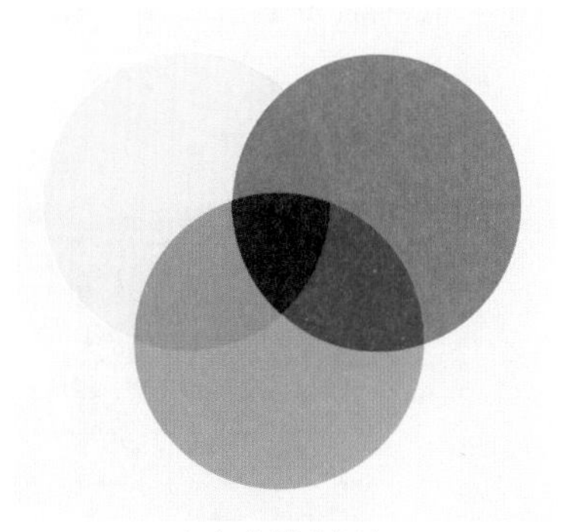

（a）色光加色法　　（b）色料减色法

图3-5

一次色——加色法中的R、G、B或减色法中的Y、M、C。

二次色——加色法中的Y、M、C或减色法中的R、G、B。

三次色——加色法中的R+G+B或减色法中的Y+M+C。

特征色的选取遵循以下三个原则：

（1）设备色彩特性描述标版的设计以各个设备的色彩空间和呈色原理为基础，如显示设备的标版基于RGB加色空间，印刷机的标版基于CMYK减色空间。对色彩特性描述标版的构成起到关键作用的颜色有白色、黑色、中性灰色、三原色、二次色以及部分三次色。

（2）通过对色彩空间特性分析后，对色彩信息进行量化、选择，使之成为抽象的色彩模型体系节点，并且从数量上和形式上都要适合计算机的处理。

（3）为了使特征色的编排在视觉中更接近等距，在色立体中的分布达到均匀，在抽取和排列特征色时，参照了孟塞尔视觉等间隔分布的规律。

通过对这些色彩的选择，就能够建立特性化标版，从而确定各种不同设备的色域范围和色彩分布特点。目前，色彩特性描述中常用的有IT8.7/1、IT8.7/2、IT8.7/3 & ISO 12642、IT8.7/4、ECI2002等标版。

3.2.2.2　输入设备色彩特性化标版IT8.7/1、IT8.7/2解析

输入测试图像通常都采用根据ISO 12641标准制作的测试标版IT8.7/1、IT8.7/2。输入用测试标版必须是以物理形式存在的，因为需要为反射原稿和透射原稿制作输入特性文件，测试图片也要以反射及透射两种形式提供。IT8.7/1色彩特性化标版是应用于扫描透射式原稿及其标准数据，而IT8.7/2则是应

用于扫描反射式原稿及其标准数据，它们包含了两百多个测试块，如图3-6所示。

图3-6　IT8.7/2测试标版

此外，还应专门针对不同胶卷和相纸提供测试图片，三大制造商Agfa、Kodak、Fuji各自提供了测试标版。因此，ISO 12641不仅包括一张单一的测试图片，而且有许多可变因素，如摄影原稿常用的胶片和相纸材料等。针对所有的测试标版，都由制造商提供一组CIE色彩数据。一般这组色彩数据包含在制作色彩特性文件的软件中，使得制作输入色彩特性文件更简便快速。

IT8.7/1、IT8.7/2测试标版的四周是明度值约为50的灰色调。内部可分为四大区域：

（1）色空间取样区（Sampled Color Area）A1–L12。根据ISO 12641标准，在CIELCH色空间（图3–7）取了十二个色相角，每一行为一个角度，从A至L共有12个色相角，每一行包含三组明度值（L1、L2、L3），而每一明度值又配上四组彩度值（C1、C2、C3、C4）。色相角、明度和彩度的取值参见表3–1，分配如下：

① 暗调颜色（Shadow）为第一列至第四列。

② 中间调颜色（Middle）为第五列至第八列。

③ 亮调颜色（Highlight）为第九列至第十二列。

每一明度值又配上四个彩度。从第1～4列，第5～8列，第9～12列彩度值逐级递增，表中（P）表示在某个明度级能达到的最大彩度，见表3–1。

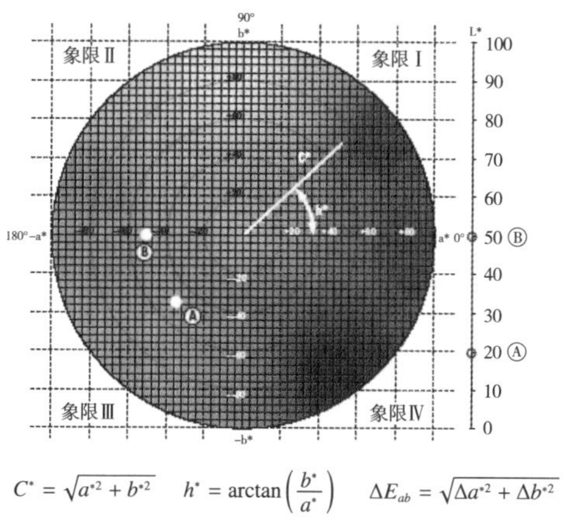

$$C^* = \sqrt{a^{*2} + b^{*2}} \quad h^* = \arctan\left(\frac{b^*}{a^*}\right) \quad \Delta E_{ab} = \sqrt{\Delta a^{*2} + \Delta b^{*2}}$$

图3-7　CIELCH色空间

表3-1　色空间取样区色块在CIE LCH空间的定义值

行	色相角	列														
			1	2	3	4		5	6	7	8		9	10	11	12
		L1	C1	C2	C3	C4	L2	C1	C2	C3	C4	L3	C1	C2	C3	C4
A	16	15	10	21	31	（P）	35	15	30	45	（P）	60	8	16	24	（P）
B	42	20	11	23	24	（P）	40	17	34	51	（P）	65	7	16	22	（P）
C	63	30	11	22	34	（P）	55	20	40	60	（P）	70	9	17	26	（P）
D	92	25	9	18	27	（P）	50	17	35	52	（P）	75	23	46	69	（P）
E	119	30	11	22	33	（P）	60	20	39	59	（P）	75	12	25	37	（P）
F	166	25	10	21	31	（P）	45	17	35	52	（P）	65	12	25	37	（P）
G	190	20	7	14	21	（P）	45	14	29	43	（P）	65	11	23	34	（P）
H	229	20	7	15	22	（P）	40	13	28	38	（P）	65	7	15	22	（P）
I	274	25	14	21	41	（P）	45	10	21	31	（P）	65	6	12	17	（P）
J	299	10	17	34	51	（P）	35	13	27	40	（P）	60	7	14	21	（P）
K	325	15	13	26	39	（P）	30	17	35	52	（P）	55	12	23	45	（P）
L	350	15	10	21	31	（P）	30	16	33	49	（P）	55	10	21	31	（P）

（2）基本色梯尺（Color Dye Scales）A13–L19。包含了青、品红、黄、红、绿、蓝、中性灰。其中中性灰梯尺，即第16列，从A16密度最小的色块，至L16密度最大的色块之间，以等明度间距的方式来表示灰的阶调。

（3）密度最大和最小区域（D-min/D-max Area）。图3–6中横着在底部的有一个22级阶调的灰梯尺。第1级明度值为82，其明度值也是以明度间距4排列，彩度值维持在0。

（4）厂商自定区（Vendor-Optional Area）A20–L22。不同的厂商在自定区里有不同的作。

3.2.2.3　显示设备色彩特性化的标准信号

在印刷领域中，常用的CRT（阴极射线管）型显示器是依据RGB色彩空间显示颜色的。

RGB色彩空间是通过色光三原色混合来表现物体色彩特征的，是一个与设备相关的颜色空间，不同的设备可能使用不同的RGB三原色，混合出的效果也不会完全相同。

在计算机图形图像处理系统的RGB颜色空间中，每一种颜色都用二进制的一个字节表示，即用28来表示单一颜色的变化级别，取值范围为0～255，一般规定数值越大，颜色越明亮。如图3–8所示，三个轴向分别表示红、绿、

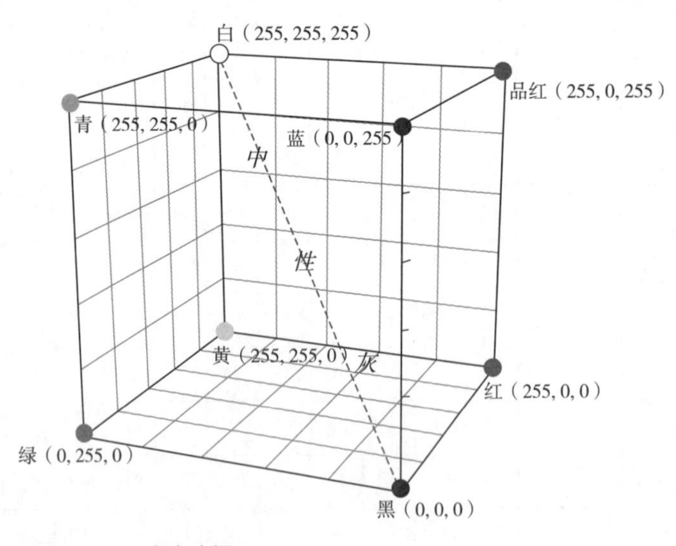

图3–8　RGB颜色空间

蓝三原色，通过对红、绿、蓝的各种值进行组合可产生出不同的颜色。每种原色可有256个层次等级，三原色相应具有16.8兆种组合。若RGB值都为0，则混合得到的颜色为黑色；若RGB值都为255，则混合得到的颜色为白色。等量混合三原色产生各种不同明暗等级的灰色，在立方体中表现为一对角线。立体的八个顶点分别表示红、绿、蓝、青、品、黄、白、黑（R、G、B、C、M、Y、W、K）8个基本色。

从显示器的特性文件生成过程可知，要用给定的RGB数值在显示器上产生色块。目前还没有统一的RGB标准信号，各个特性化软件都嵌入了一系列RGB数值，但通过研究比较几种主流的特性化软件ViewOpen、MonacoPROFILER、EFI Color Profiler for Monitors、Colorshop，发现基本采样方法是获取RGB各为0、128和255的一次色、二次色、三次色共计27种组合，见表3-2、表3-3。另外，RGB各单通道还包括一些中间数值，不同的软件有些许差异，但基本符合以几何等距的方式使RGB色彩空间填满数据，如EFI公司的Color Profiler for Monitors软件中，选取了32、64、160、192、224这5个中间值。这样显示器色彩特性化标版信号一般为30 ~ 40组数据。用这些给定的RGB数值在显示器上产生色块，再用适于测量荧光粉色彩的测量仪在显示器表面上测量，记录下显示器的呈色特性。

表3-2　RGB空间特征色统计（一）

分类	个数
白场	1
黑场	1
三原色 R G B	2 2 2
二次色 R—G R—B G—B	4 4 4
三次色（包括中性灰）	7
总计	27

表3-3 RGB空间特征色统计（二）

一次色			二次色			三次色		
R	G	B	R	G	B	R	G	B
0	0	0	0	128	128	128	128	128
0	0	128	0	128	255	128	128	255
0	0	255	0	255	128	128	255	128
0	128	0	0	255	255	128	255	255
0	255	0	128	0	128	255	128	128
128	0	0	128	0	255	255	128	255
255	0	0	255	0	128	255	255	128
—	—	—	255	0	255	255	255	255
—	—	—	255	128	0	—	—	—
—	—	—	255	255	0	—	—	—
—	—	—	128	128	0	—	—	—
—	—	—	128	255	0	—	—	—

3.2.2.4 输出设备色彩特性化标版IT8.7/3解析

IT8.7/3是一个由928个色块和色梯尺组成的色标，分为基本区和扩充区，如图3-9所示。

（1）基本区。根据色块中是否加入黑色成分，把基本区分为两大类：

① 仅由CMY三色组成的色块。

表3-4 IT8.7/3基本区CMY三色的特征色数目统计

白场数目	一次色数目	二次色数目	三次色数目	总和
白场1	一次色 C 14 M 14 Y 14	二次色 C—M 6 C—Y 6 M—Y 6	三次色 彩色 38 中性灰 7 黑场 1	总计 107

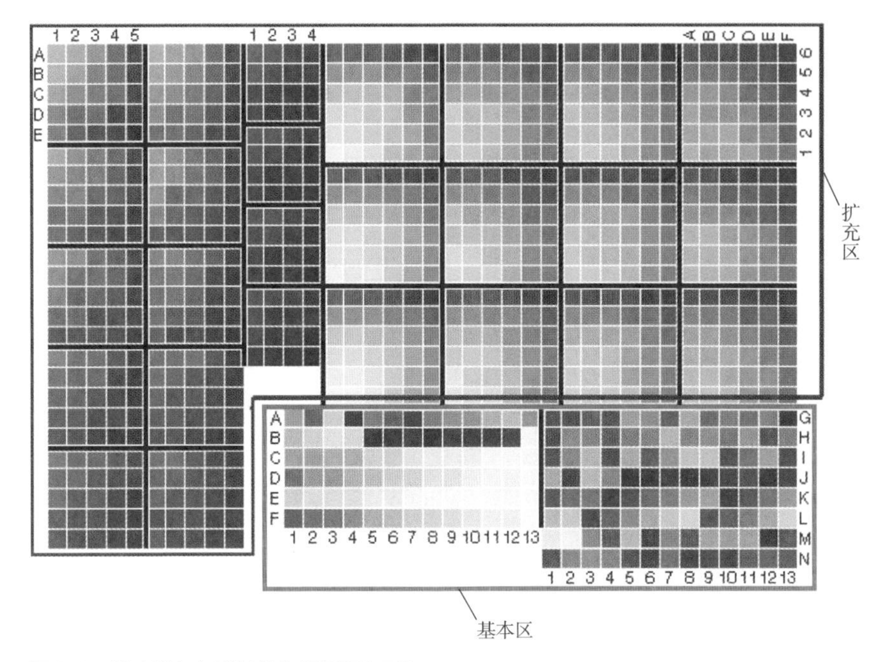

图3-9　输出设备色彩特性化标版IT8.7/3

A．一次色：一次色（图3-10）包括了青、品红、黄三原色从100%、90%、80%、70%、60%、50%、40%、30%、25%、20%、15%、10%、7%至3%共14级的梯尺，用于实地密度、色度和网点扩大的检查，这42个颜色在图3-11中用红色的点表示。从空间分布的角度来看，青、品红、黄三个轴在构建CMY颜色立体时作为基本框架，起到支撑作用。

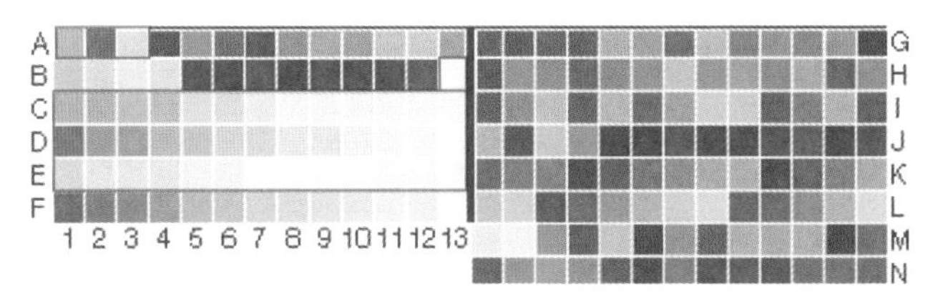

图3-10　一次色42个

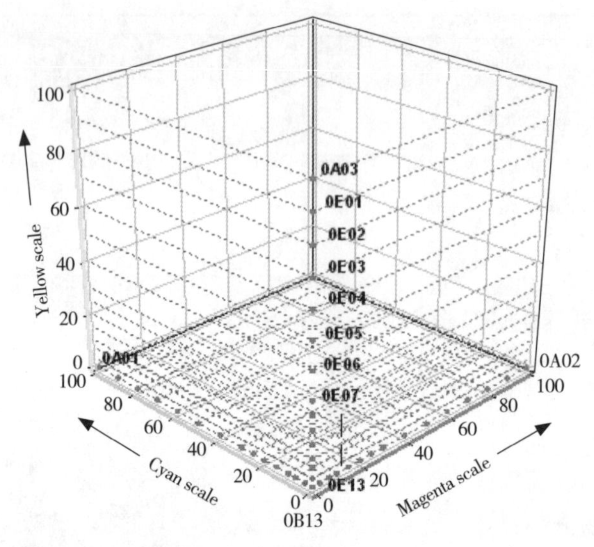

图3-11　一次色在CMY空间的分布

B. 二次色：二次色（图3-12）在CMY空间的分布呈现出明显的几何特征，A组色块以一系列等边三角形分布在色立体中，三角形具有很强的稳定性，利用三角形的这一特点可以增强形体的牢固性，显然，A组12个色块形成4个由大到小的等边三角形，这一模型对CMY空间起到加固作用。B组色块的选取可用“面动成体”规律解释，所有的几何体都可以通过裁切得到许多“薄片”，因为CMY空间是正方体，而正方体只有六个面，截面至多与六个面相交，所以最多只能切出的截面为六边形。B组6个色块分布在色立体中，形成对边互相平行的六边形截面，如图3-13所示。所对应的网点面积率，见表3-5、表3-6。

表3-5　二次色的网点面积率（一）

A组编号	网点面积率（%）			
	C	M	Y	K
0A04	100	100	0	0
0A05	100	0	100	0
0A06	0	100	100	0

续表

A组编号	网点面积率（%）			
	C	M	Y	K
0A08	70	70	0	0
0A09	70	0	70	0
0A10	0	70	70	0
0A11	40	40	0	0
0A12	0	40	40	0
0B01	40	0	40	0
0B02	20	20	0	0
0B03	20	0	20	0
0B04	0	20	20	0

表3-6　二次色的网点面积率（二）

B组编号	网点面积率（%）			
	C	M	Y	K
0G01	40	100	0	0
0G03	0	100	40	0
0G05	0	40	100	0
0G08	40	0	100	0
0G10	100	0	40	0
0G12	100	40	0	0

C．三次色：三次色（图3-14）中A组色块基本符合以CMY立体的对角截面为轴对称分布的特征，如图3-15所示。对称是客观事物存在的一种形式，其基本原理是以某中轴线为基准线，左右或是上下均匀分布，根据对称观点选取色空间内的样本，能够增加色彩空间结构的强度，并且能使空间的结构形态具有匀齐性。三次色中B组色块用于评价和检查灰色平衡的情况，根据SNAP印刷参数说明，当印刷中性灰色时，青色的阶调值总是大于黄色或品色的阶

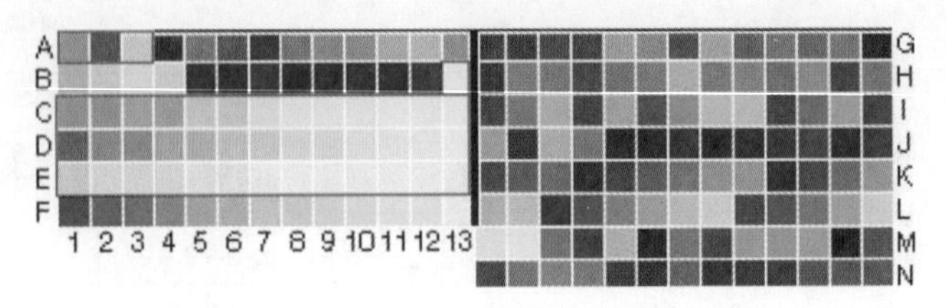

图3-12　二次色18个

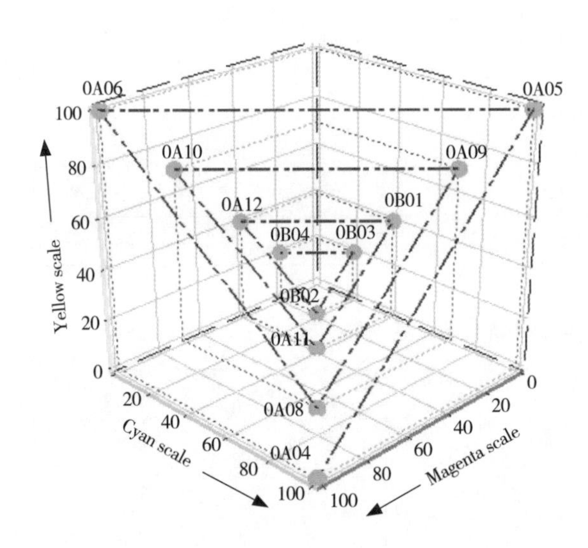

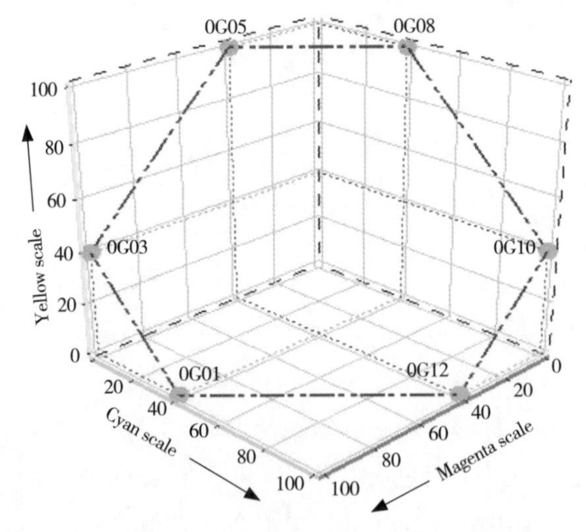

图3-13　二次色在CMY空间的分布（左A组、右B组）

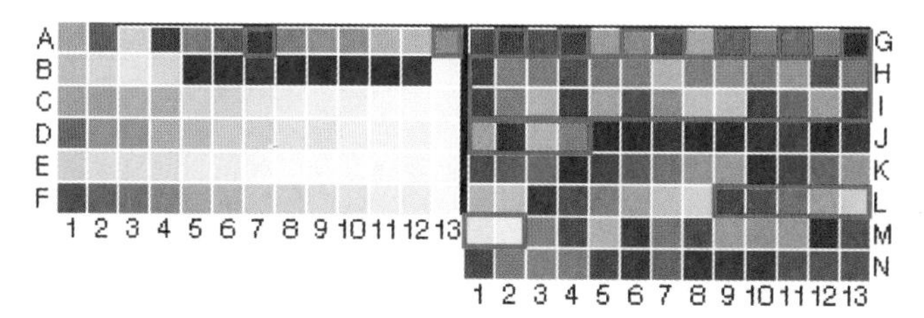

图3-14　三次色46个

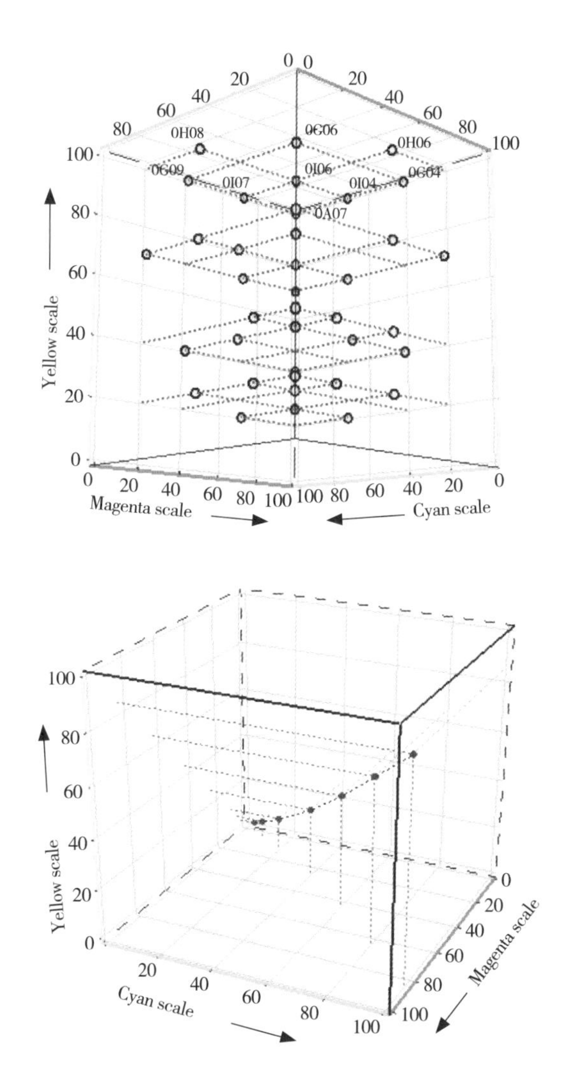

图3-15　三次色在CMY空间的分布（左A组、右B组）

调，所以这七组青、品红、黄阶调值的设计符合中性灰的规律。所对应的网点面积率，见表3-7、表3-8。

表3-7 三次色（部分）的网点面积率

A组部分编号	网点面积率（%）				A组部分编号	网点面积率（%）			
	C	M	Y	K		C	M	Y	K
0A13	40	40	40	0	0H06	20	70	100	0
0G02	40	100	40	0	0H07	20	20	70	0
0G04	40	100	100	0	0H08	70	20	100	0
0G06	40	40	100	0	0H09	70	20	70	0
0G07	70	70	70	0	0H10	100	20	70	0
0G09	100	40	100	0	0H11	70	20	20	0

表3-8 三次色（部分）的网点面积率

B组编号	网点面积率（%）			
	C	M	Y	K
0L09	100	85	85	0
0L10	80	65	65	0
0L11	60	45	45	0
0L12	40	27	27	0
0L13	20	12	12	0
0M01	10	6	6	0
0M02	5	3	3	0

② 由CMY三色加黑组成的色块。黑版在彩色印刷品的复制中，起到弥补油墨色相误差和提高图像轮廓再现性的作用，所以在此标版基本区内设计了75个含有黑色成分的色块，其色彩数及所对应的网点面积率见表3-9、表3-10。

表3-9　IT8.7/3基本区CMY三色加黑色块数目统计

类别	一次色	二次色	三次色	四次色	总计
个数	14	9	21	31	75

表3-10　IT8.7/3基本区CMY三色加黑色块网点面积率

<table>
<tr><td colspan="2">A一次色
单色黑从100%、90%、80%、70%、60%、50%、40%、30%、25%、20%、15%、10%、7%、3%的梯尺</td></tr>
<tr><td colspan="2">B二次色
C 100%
M 100%
Y 100%
+ K
20%
70%
100%</td></tr>
<tr><td>C三次色
R
G
B
+ K
20%
40%
70%
100%</td><td>C40% + M40%
M40% + Y40%
Y40% + C40%
+ K
20%
40%
70%</td></tr>
<tr><td>D四次色
C 10%+M 3%+Y 3%
C 20%+M12%+Y12%
C 40%+M27%+Y27%
+ K
10%
20%
40%
60%
80%
100%</td><td>C 60% + M 45% + Y 45%　+ K
20%
40%
60%
80%
100%</td></tr>
<tr><td>C 85% + M 65% + Y 65%　+ K
40%
60%
80%
100%</td><td>C 100% + M 85% + Y 85%　+ K
60%
80%
100%</td></tr>
<tr><td>C 100% + M 100% + Y 100% + BK 100%</td><td></td></tr>
</table>

（2）扩充区。在色彩转换的过程中，色彩管理模块CMM读取色彩特性文件，按照颜色查找表提供的数据进行插值处理，为了使颜色的转换更精确，有必要在标版上设置更多中间值，这就是设置扩充资料区的意义所在。扩充区分为三个区域，见表3-11。

表3-11 IT8.7/3标版扩充区A、B、C三区域

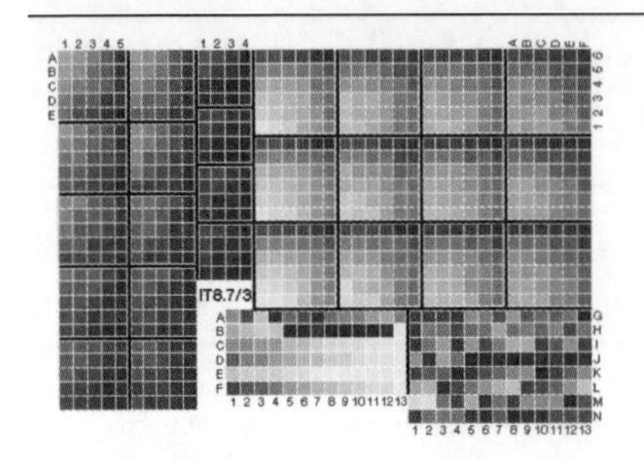

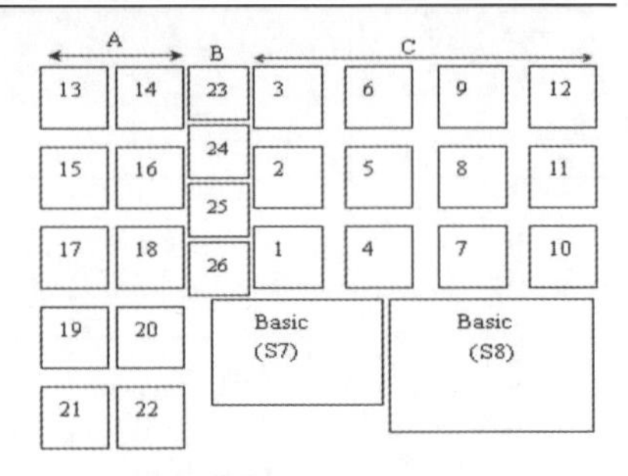

输出设备色彩特性化标版IT8.7/3的分区布局图

C区由12组矩阵形成，每组包含36（6x6）个色块。1至12组颜色数据变化如下：
C区第一部分：K=0
C区第二部分：K=20%

A至F：0、20%、40%、70%、100%青
1至6：0、20%、40%、70%、100%品红
矩阵1至6：0、20%、40%、70%、100%黄
矩阵7至12：0、20%、40%、70%、100%黄

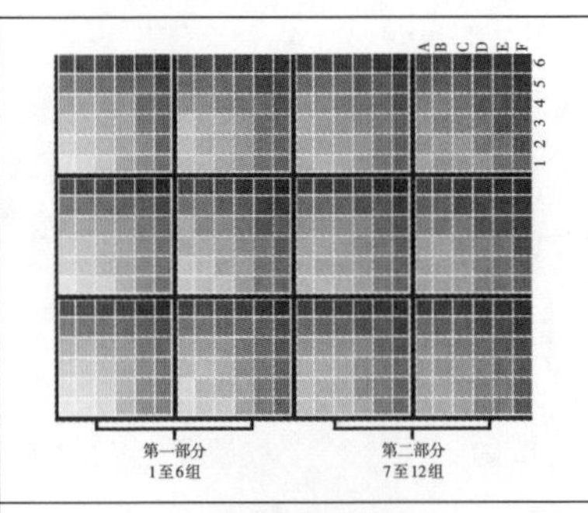

A区由10组矩阵形成，每组包含25（5x5）个色块。13至22组颜色数据变化如下：
A区第一部分：K=40%
A区第二部分：K=60%

A至E：0、20%、40%、70%、100%青
1至5：0、20%、40%、70%、100%品红
矩阵13至17：0%、20%、40%、70%、100%黄
矩阵18至22：0%、20%、40%、70%、100%黄

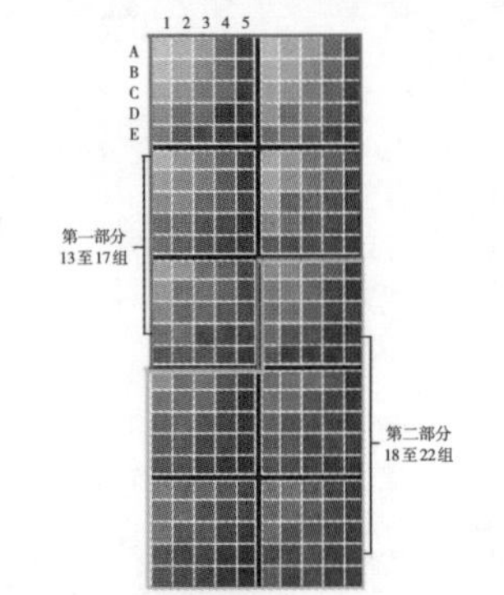

B区由4组矩阵形成，每组包含16（4x4）个色块。23至26组颜色数据变化如下：
整个B区：K=80%

A至D：0、20%、40%、70%、100%青
1至4：0、20%、40%、70%、100%品红
矩阵23至26：0%、20%、40%、70%、100%黄

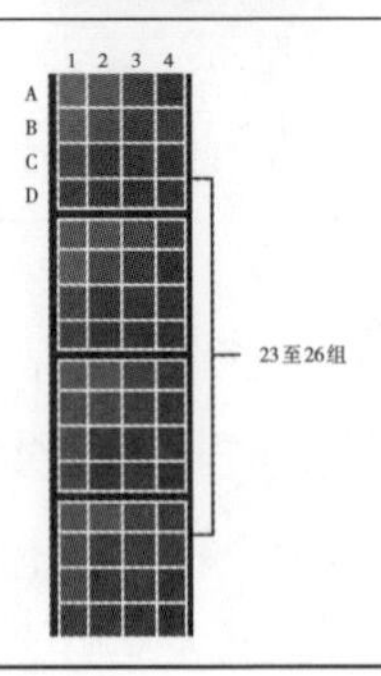

扩充区色块的选取遵循以下规律：

① 在CMY的0～100值域内，选取了一些中间数值：10，20，40和70，即在0～100之间，三原色每种有6个数值。这样三原色6个层次就产生216种组合。这6个数值选取基本满足孟塞尔系统目视色彩间隔的排列方式。

② 为了满足高质量的输出，需要包含多种组合黑色的色块，能够生成具有特殊黑版层次的色彩特性描述文件，其中B区包含了对总墨量信息的控制检查。

③ 根据ISO 12642标准的说明，在黑版值较小时，有必要排列出这六种网点面积率的所有可能的216种组合。随着黑版值的增大，黑墨较强的遮盖力就导致相邻层级色块之间的差异变的非常小，所以可以减少0～100值域内的中间数值。

必须注意，输出测试图像应以数字化的数据形式提供，以便其内容不因前面的输入过程而改变。

3.2.3 色彩特征的测量

在色彩特性化的过程中，对应于同一个标版要建立两组数据，一是与设备相关的数据，另一组是与设备无关的CIE色度数据。前者是通过色彩特性化标版提供的，后者要通过数字化的测色方法得到，如用分光光度计测量出打印样张和印品各个色块的$L^*a^*b^*$色度值；用光电色度计吸附显示器表面上测量色度值；另外虽然输入设备标版自带了“色度数据参考文件”，但这一般是一批色标出厂时的平均值，它们的准确性不够，而且色块的颜色随时间会有变化，为了得到更为精确的结果，一般对标版上的色块需要再做逐一的测量。

所以，色度测量是继建立标版后色彩特性描述技术框架中的第二个要素，只有通过色度测量才能把设备相关的数据与设备无关的数据系统地对应起来，并且根据测量参数在与设备无关的CIE表色系统中，来确定各种不同设备和材料的色域范围。

色度测量建立在色度学技术的基础，CIE标准色度系统为精确测色提供理论依据。CIE三刺激值的计算公式为：

$$X = K\int_{\lambda} S(\lambda)\rho(\lambda)\bar{x}(\lambda)\,\mathrm{d}\lambda$$

$$Y = K\int_{\lambda} S(\lambda)\rho(\lambda)\bar{y}(\lambda)\,\mathrm{d}\lambda \qquad (3\text{–}1)$$

$$Z = K\int_{\lambda} S(\lambda)\rho(\lambda)\bar{z}(\lambda)\,\mathrm{d}\lambda$$

式中：K——调整因数，$K = \dfrac{100}{\int_{\lambda} S(\lambda)\bar{y}(\lambda)\,\mathrm{d}\lambda}$；

$S(\lambda)$——光源光谱功率分布；

$\rho(\lambda)$——物体的光谱反射率；

$\bar{x}(\lambda)$，$\bar{y}(\lambda)$，$\bar{z}(\lambda)$——CIE标准观察者光谱三刺激值。

色度学测量系统基本上包含了三刺激值测量和分光光度测量两种技术。

3.2.3.1　色度计的原理

光电色度计可以由仪器的光电响应值直接得到颜色的三刺激值，积分过程是由仪器内部的光电模拟系统完成的。它的基本结构如图3–16所示，是通过适合于人眼视觉感受的三种特殊校正滤色器进行测量的。

光源发出的光在被颜色样品作用后通过一组校正滤色器，然后照射到光电接收器上直接反映出样品三刺激值的模拟量，是否能准确反映出颜色样品的实际三刺激值取决于仪器内光源、校正滤色器、光电接收器三者综合的模拟总效应。

其中，校正滤色器的设计是色度计的关键，校正滤色器必须使仪器的总光谱灵敏度满足下面的卢瑟条件：

$$K_x S_0(\lambda)\tau_x(\lambda)\gamma_x(\lambda) = S(\lambda)\bar{x}(\lambda)$$

$$K_y S_0(\lambda)\tau_y(\lambda)\gamma_y(\lambda) = S(\lambda)\bar{y}(\lambda) \qquad (3\text{–}2)$$

$$K_z S_0(\lambda)\tau_z(\lambda)\gamma_z(\lambda) = S(\lambda)\bar{z}(\lambda)$$

式中：$S_0(\lambda)$——仪器内部光源的光谱分布；

$S(\lambda)$——选定的标准照明体光谱分布；

$\tau_x(\lambda)$，$\tau_y(\lambda)$，$\tau_z(\lambda)$——分别为X、Y、Z校正滤色器的光谱透射比；

$\gamma_x(\lambda)$，$\gamma_y(\lambda)$，$\gamma_z(\lambda)$——三个光电接收器的光谱灵敏度；

K_x，K_y，K_z——三个与波长无关的比例常数；

$\bar{x}(\lambda)$，$\bar{y}(\lambda)$，$\bar{z}(\lambda)$——CIE标准观察者光谱三刺激值。

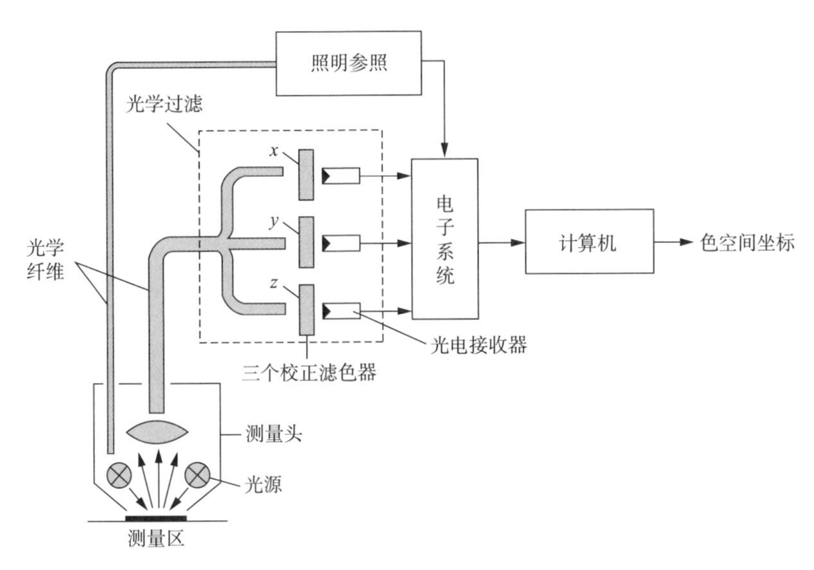

图3-16　采用三刺激滤色器的色度计测量原理

卢瑟条件使得在整个光谱上，这些校正滤色器与类似人眼感受的三种光电传感器模拟的结果，同标准三刺激值曲线的特性基本相一致。它是设计色度计的基本关系，色度计符合卢瑟条件程度愈高则精度愈高。

3.2.3.2　分光光度计的原理

分光光度计测量的是光度量，它将特定波长的光同时或先后照在待测样品和标准样品之上，比较两者的光度量，求得所收集到的光通量之比，其测量如图3–17、图3–18所示。然后利用CIE推荐的标准照明体的光谱功率分布和标准观察者光谱三刺激值根据式3–1积分计算，得到样品的三刺激值。

分光光度计主要由光源、单色器、探测器及数据处理装置组成。其中测量光谱反射率的单色器的分光的原理有三种——（a）轮转滤色片、（b）棱镜、（c）衍射光栅，如图3–19所示。第一种方法是在圆盘上安装20～30个窄带滤色片，通过旋转圆盘来实现分光。后两种方法是利用光的色散，把

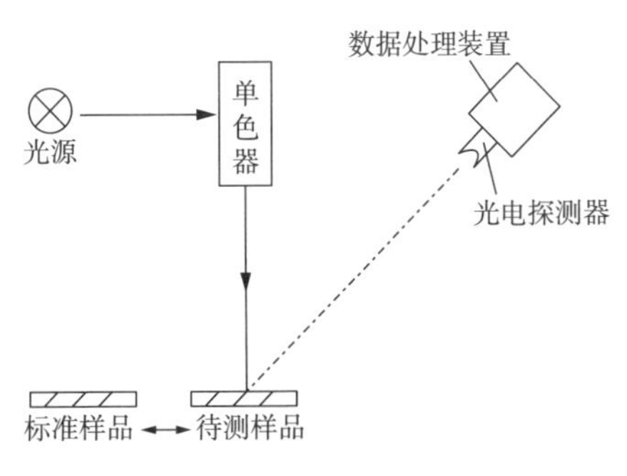

图3–17　分光光度计的基本结构

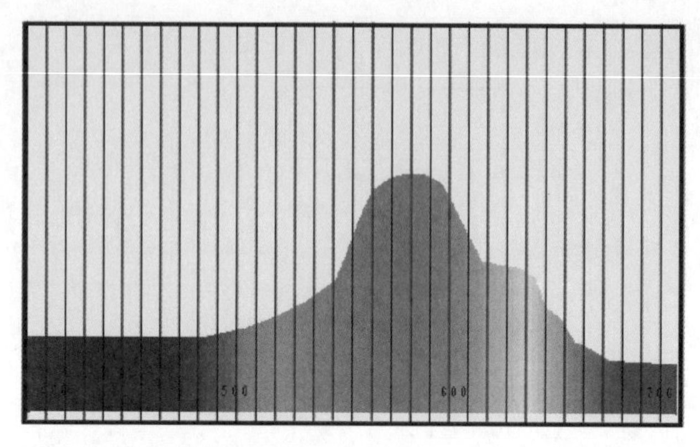

图3-18　某颜色的光谱强度分布

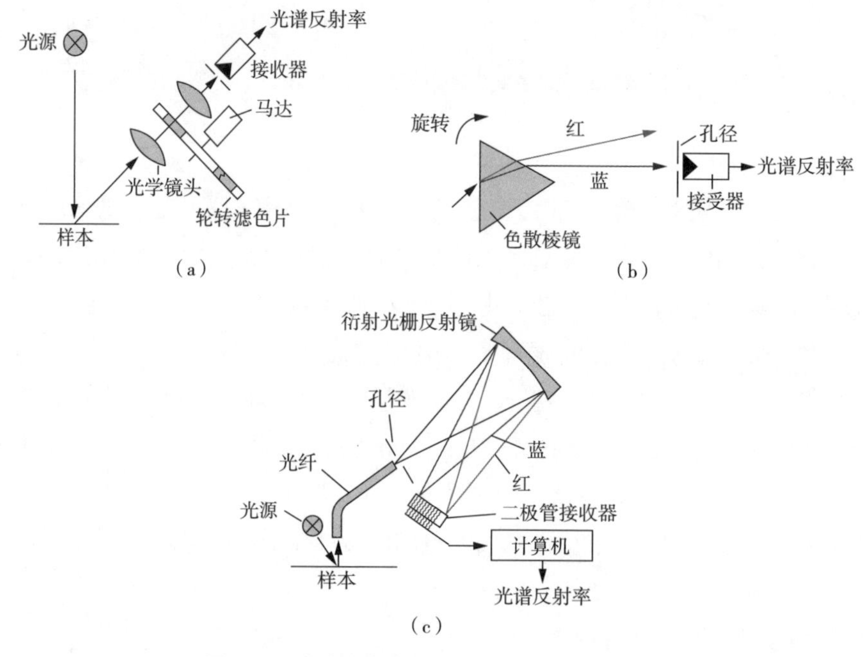

图3-19　分光光度计原理图

光源的复合辐射分解成不同波长的单色辐射，并按一定的顺序排列，使用的色散元件是棱镜或衍射光栅。例如，海德堡CPC2上的扫描式分光光度计就是建立在衍射光栅原理基础上的。

常用分光光度计的波长间隔是10nm或20nm，被记录的可见光谱被分成约

30段。在一些高精度的系统中，测量间隔也可以更小（至1nm）。然后在规定照明体和观察视场下，通过光电探测器逐个对每段波长的光度量进行测量，再根据反射光谱或透射光谱计算出待测品的色度值。

不同照明体和观察视场的CIE坐标也能通过分光光度计光谱测量的数据来计算。具体地讲，从光谱数值转换到CIE颜色三刺激值时，照明体直接作为一个参数，所以如果从一种照明条件再向其他照明体条件转换时，就要采用数学逼近计算法。

在实际色彩特性描述过程中，总是推荐使用分光光度计进行更精确和灵活的色彩测量。

3.2.4 色彩特性描述文件的建立方法

色彩特性描述文件包括输入设备的色彩特性描述文件，显示设备的色彩特性描述文件和输出设备的色彩特性描述文件三类，分别用于描述输入，显示和输出设备的呈色范围和色域大小。

3.2.4.1 建立输入设备的色彩特性描述文件

目前，输入测试图像一般都采用根据ISO 12641标准制作的IT8.7/1 和IT8.7/2测试标版，分别为反射及透射两种形式。在完成输入设备的校准后，如图3-20所示，通过扫描获取IT8.7/1-2色标的两百多个色块，得到RGB数据，再与提供的参考数据——标版上色块的CIE色彩数值比较计算，由特性化专用软件生成输入设备的色彩特性描述文件。

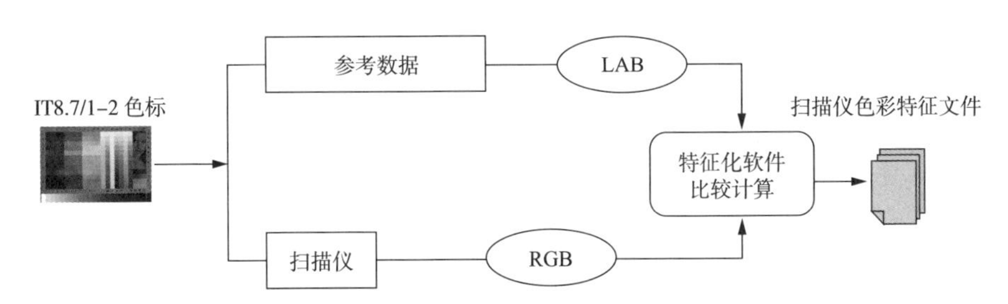

图3-20 输入设备色彩特性描述文件的生成过程

3.2.4.2 建立显示设备的色彩特性描述文件

显示设备的色彩特性描述文件是通过屏幕特性化软件和分光光度计或屏幕测色仪完成的。如图3-21所示，专用软件将若干组标准信号RGB值传递给屏幕显示，分光光度计吸附在屏幕上测量并将色度数据返回给计算机，软件通过数据对比来建立一个色彩特性描述文件。

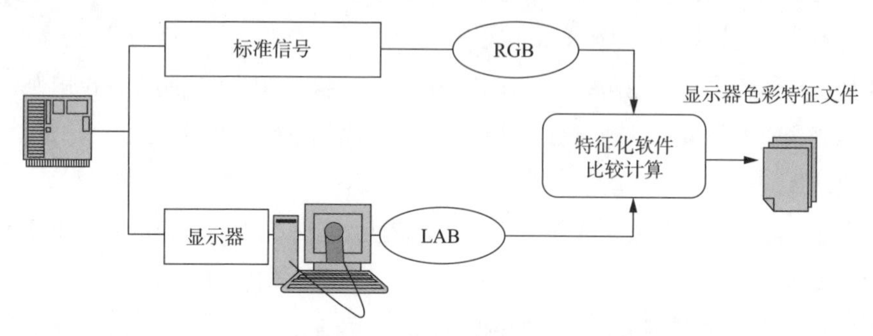

图3-21　显示设备色彩特性文件的生成过程

3.2.4.3　建立输出设备的色彩特性描述文件

首先设置输出条件，然后输出所选择的测色标版，如IT8.7/3、ECI2002等，并选择出合格样本。采用分光光度计测量样本，如图3-22所示，得到色块的CIE色度值，再与色标的标准数据CMYK建立关系，生成输出设备的色彩特性描述文件。

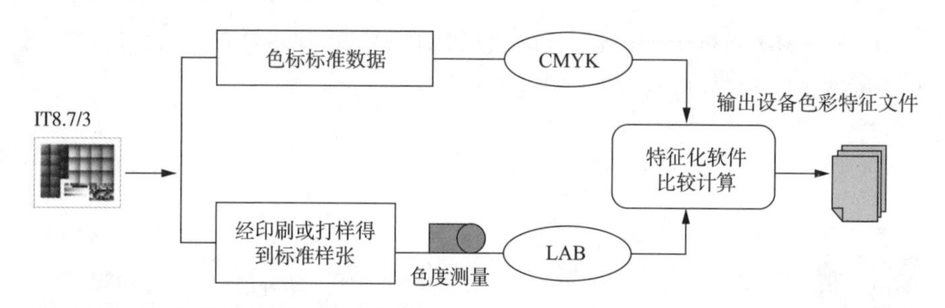

图3-22　输出设备色彩特性文件的生成过程

目前，主流的特性化软件有EFI的EFI Color Profiler，海德堡的ColorOpen系列软件（ScanOpen、ViewOpen、PrintOpen），爱色丽提供的系列软件ColorShop，格灵达系列软件ProfileMaker，但它们在精密度上有所差别。另外经过一段时间，设备因变旧或环境变化而发生性能的改变，所以需要定期为该设备重新建立其特性文件。

3.3 基于ICC标准的色彩特性文件的构建方法

色彩管理正常发挥作用的决定性条件是色彩特性文件的可交流性，那么色彩特性文件的结构和内容的标准化是必不可少的，这正是1993年国际色彩联盟所引领走过的道路。为了通过色彩特性文件进行色彩管理，能够在不同色彩空间之间进行色彩转换与匹配，实现色彩传递的一致性，ICC建立了一种跨计算机平台的设备色彩特性文件格式——ICC Profile文件。

如图3-23所示显示了基于ICC标准的色彩特性文件的构建流程：

基于ICC标准的特性文件制作软件有MonacoProfiler，ColorOpen，EFI

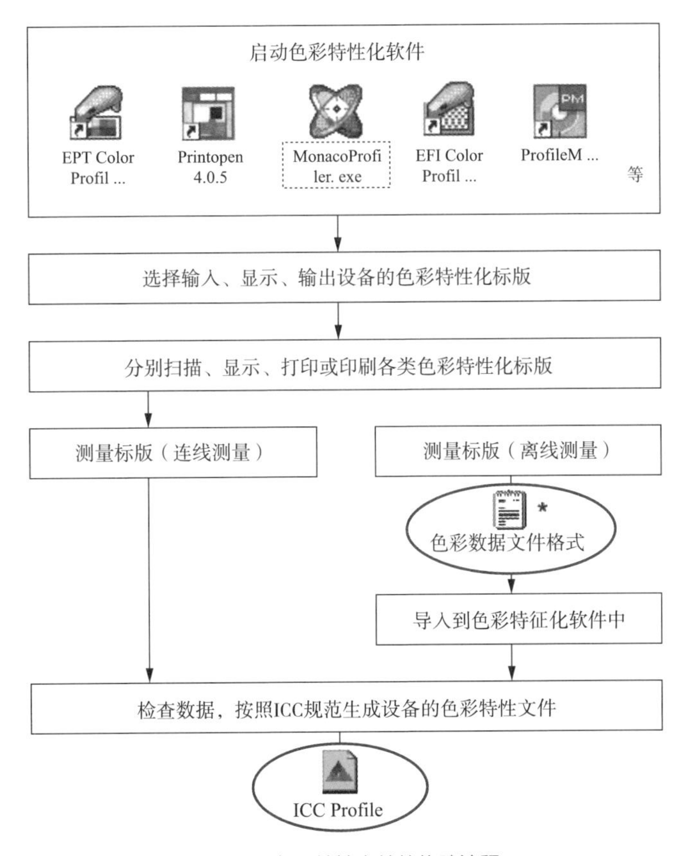

图3-23　基于ICC标准的色彩特性文件的构建流程

Color Profiler等；可供选择的标版主要有IT8.7/1、IT8.7/2、IT8.7/3、ECI2002等；一般标版与特性文件制作软件一起提供。可兼容的色彩测量仪器主要有Gretag spectroscan 、Gretag spectrolino、X-Rite DTP41等，通过这些测量仪器，将色彩特征数据提供给软件。

在离线测量时，软件会生成一种记录色彩特性化中间过程的测量值的数据文件，这是ANSI和ISO建立的一种色彩数据文件格式，这种文件通常是*.txt格式的文本书件，它既满足了被用户查阅，又能被特性化软件读取从中获得生成ICC Profile文件所需要的信息。文件中包括两部分内容：第一部分说明了创建特性化使用的标版、特性化过程中使用的测量仪器、色度测量环境、创建该特性文件的使用的软件系统等。第二部分是测量所得数据表，以使用X-Rite DTP41分光光度计测量输出标版IT8.7/3的测量结果为例，表3-12中包含了928组CMYK值和对应的XYZ三刺激值数据。

表3-12　测量IT8.7/3输出特性化标版的色彩数据文件格式

第一部分	IT8.7/3 ORIGINATOR "Printopen - Heidelberger Druckmaschinen AG" DESCRIPTOR "XYZ calibration data for testchart IT8.7/3 (ISO12642) CMYK928" CREATED "11/17/1998" MEASUREMENT_SOURC "Illumination=D50 ObserverAngle=2 WhiteBase=Abs Filter=No" NUMBER_OF_FIELDS 8 BEGIN_DATA_FORMAT SAMPLE_ID XYZ_X XYZ_Y XYZ_Z CMYK_C CMYK_M CMYK_Y CMYK_K END_DATA_FORMAT
第二部分	NUMBER_OF_SETS 928 BEGIN_DATA 0A1 17.350 25.950 55.540 100.000 0.000 0.000 0.000 0A2 33.610 17.650 16.800 0.000 100.000 0.000 0.000 ----------------- 26D2 1.990 2.860 1.440 100.000 40.000 100.000 80.000 26D4 1.950 2.000 1.090 100.000 100.000 100.000 80.000 END_DATA

将连线测量或离线测量的结果导入特性文件制作软件中，软件按照ICC规

范来生成不同种类的profile文件。基于ICC标准的色彩管理系统最重要的步骤是生成ICC标准格式的特性描述文件，其数据的准确性决定了色彩管理系统的准确性。[16]因此，只有建立高精度的设备色彩特性文件，才能实现不同色彩空间之间的转换，使色彩在输入、显示、输出三者之间达到一致，充分体现色彩管理的功能。

第 4 章
硬拷贝输出设备色彩特性化的技术实现

PART
4

为了建立工业生产环境中设备校准和特性化的实施方案，实现了满足于实际生产过程中高精度设备特性化，本书以输出设备的色彩特性化为例，建立了色彩的特征、属性描述的方案，并在此基础上进行了色彩特性描述结果的评价。

4.1 实验的设计

本实验内容主要包括：

（1）对输出设备进行校准，即建立色彩特性化的前提条件。

（2）在经过校准的印刷条件下来获取色彩特征数据，以实现准确反映印刷机性能的目标，并通过色彩测量和软件运算来创建印刷机的ICC Profile文件。

（3）对色彩特性描述结果进行评价。

根据实验内容，选取了海德堡CD102印刷机作为色彩特性化描述的对象，设计了能够同时提供设备校准和特性化所需的控制元素的Test Form-Ⅱ数字测试标版，其中包含了IT8.7/3标准色标。

4.1.1 印刷机校准的方法与评判

4.1.1.1 Test Form-Ⅱ数字测试标版的设计

Test Form-Ⅱ测试标版的设计涉及标版的内容和标版的布局。测试标版的设计如图4-1所示。

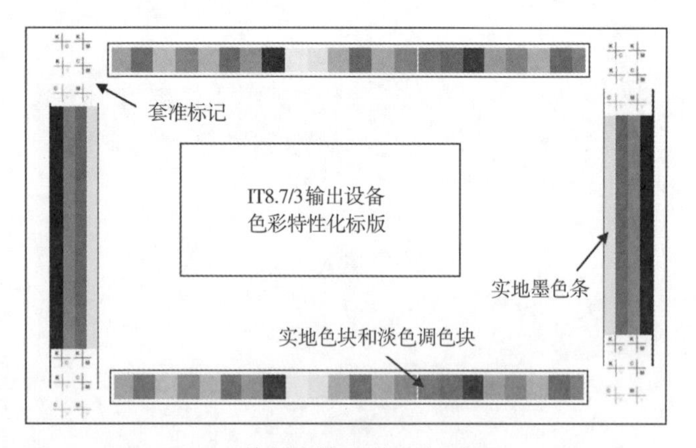

图4-1 Test Form-Ⅱ数字测试标版的设计示意图

（1）套准标记。十字线标记分布在标版四个角，宽度为0.1mm，用于检查上下、左右以及斜线等方向的套印情况。

（2）实地色块和实地墨色条带。沿着印版滚筒的轴向，在叼口和拖稍各有一排测控条，其中包含了黄、品红、青、黑四色实地色块，它们用于检测印刷机在印版滚筒轴向上油墨密度的一致性。沿整个印版滚筒轴向保持密度的一致是印刷机的能力之一，这种能力是水墨平衡和印刷压力共同作用的结果。标版中还包含了每种油墨的实地墨色条带，它们沿印版滚筒周向伸展，分布在IT8.7/3标版的两侧，用于测试沿印版滚筒周向的密度变化。实地色块和实地墨色条带包围环绕IT8.7/3标版，确保整个印版的均匀性。

（3）淡色调色块。叼口和拖稍处的测控条也包含有每种印刷原色50%和75%的色块，这些色块用来检测网点扩大。网点面积率是根据实地密度和色调密度的一种关系式计算而得，Murray-Davies公式是计算网点面积的典型算法。测量网点面积率的顺序一般是：纸张密度→实地密度→色调密度→计算得出网点面积率，为了保持更大的精确程度，最好在同一个油墨区域读取实地密度和色调密度值。

（4）IT 8.7/3标版和标准原稿ISO 300、ISO 400等。

4.1.1.2 设备基准的标定流程

在实验研究中，采用Test Form–Ⅱ数字测试标版进行设备基准的标定，规定了设备色彩校准的控制精度，所提出和建立的印刷机校准基本流程如图4-2所示。因为印刷时只有必要的质量参数（如实地密度、网点扩大等）达到允差

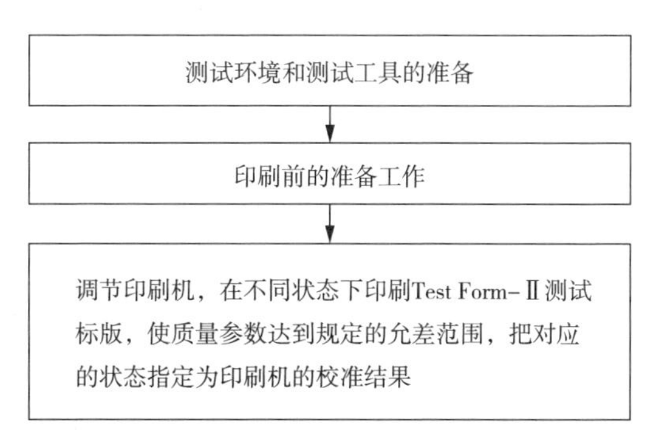

图4-2　印刷机校准的流程

范围，整个过程才能达到可重复性和一致性，所以使质量参数达到允差范围是进行校准的关键步骤。本实验严格采用分光密度计、测控条进行检测，规范实地密度值和网点扩大值参数，确保印刷机达到校准状态。

4.1.1.3 过程控制参数的评价指标

在3.1中指出为了获取印刷机特性化数据，必须遵循行业标准或者工厂自定义的标准。在实际的工业测试中，所用的纸张、油墨、印刷机都是特定的，行业标准在一定程度上可以参照，但不应严格套用。所以此次实验在设定校准状态的评价指标时，同时参考了行业标准和工厂内部正常的生产状况，对关键的过程控制参数——实地密度值和网点扩大值的达标点和允差范围作出了规定。

（1）在同一批次或同一样张之内的最大密度和最小密度之间的差值要控制在0.28以内。最大密度和最小密度之间的中位值定为密度达标值，与中心达标点的距离是上下允许的偏差，即允差要控制在 ± 0.14的范围内，如图4–3所示，为了本书引用方便，把这个规范命名为SD（Solide Density）Target。

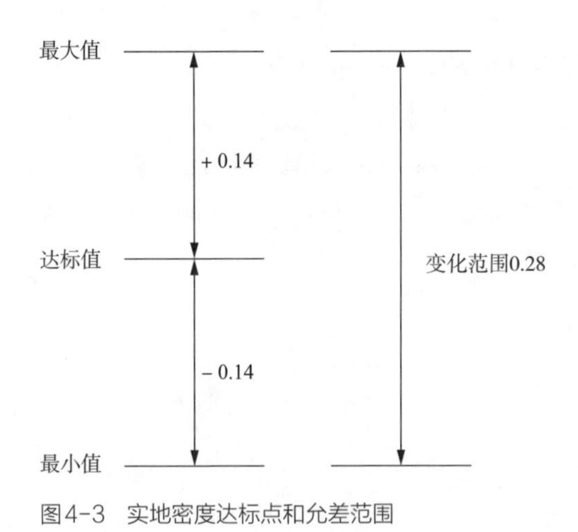

图4–3 实地密度达标点和允差范围

（2）参照GATF、SWOP 推荐的网点扩大值，规定了此次实验的网点扩大值的达标值和允差范围，见表4–1，把这个规范命名为DT（Dot Gain）Target。

本实验侧重考察实地密度和网点扩大值这两个过程参数，以SD Target和DT Target作为标准来评判印刷机是否达到了校准的状态。

表4-1　网点扩大值达标点和允差范围

色彩	目标值	偏差
黄	18%	15%~21%
品红	20%	17%~23%
青	20%	17%~23%
黑	22%	19%~25%

4.1.2　建立输出设备色彩特性描述文件

输出设备的特性化数据是CMYK输入值与印刷得到的对应的色度值之间的关系。这组数据是在一系列特定的印刷工艺参数和原材料组合前提下，通过测量得到的。

由3.3.2.4可知，IT 8.7/3标版提供了一个的标准布局，但是并不是必须要使用这种布局。目前各种色彩管理软件创建了IT 8.7/3的随机布局，这一方面为了辅助测量仪器，另一方面这种随机的布局有利于各个墨区上墨量的均匀分布。结合实验条件，在Test Form-Ⅱ数字测试标版上设置了供EFI Color Profiler for Printers 软件、ES-1000分光光度计测量的IT 8.7/3标版，每个色块大小为12mm×12mm。对筛选的样张，采用分光光度计测量印刷的IT 8.7/3标板，在软件里生成各个状态下的ICC色彩特征文件。

4.2　实验的实施

本实验建立在客观、真实的工业生产环境中，实验按照如图4-4所示的三大步骤——Test Form-Ⅱ测试标版的制作、印刷机校准和印刷机色彩特性文件的制作来进行。

4.2.1　Test Form-Ⅱ标版的制作

Test Form-Ⅱ标版中的实地色块、实地墨色条带以及套准标记是使用CorelDraw软件制作的，然后连同IT 8.7/3标版和标准原稿一起在崭新拼大版

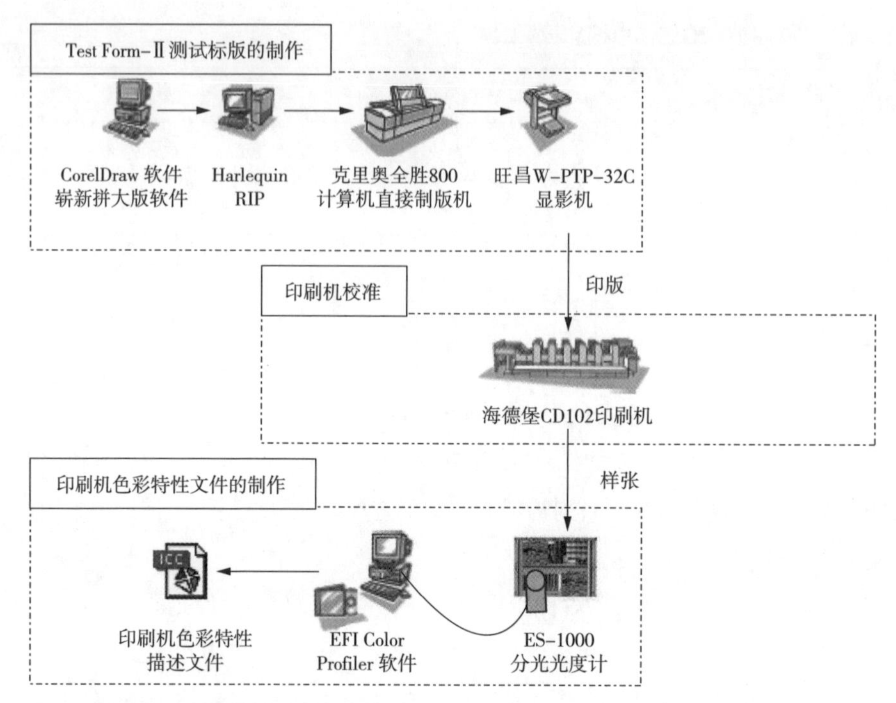

图4-4　数字化实验环境的建立

软件Imposition 中拼合成大版文件。在Harlequin RIP中设置加网参数：网点形状为方圆网；加网线数为175Lpi；加网角度分别为C—15°；M—75° Y—0°；K—45°。采用克里奥全胜800计算机直接制版系统及厚度为0.3mm的Fujifilm LH-PI热敏版材，显影机选用旺昌W-PTP-32C型，显影液为FujifilmLH-DPWS，显影液浓度为1：3。实际制作出的Test Form-Ⅱ标版如图4-5所示。

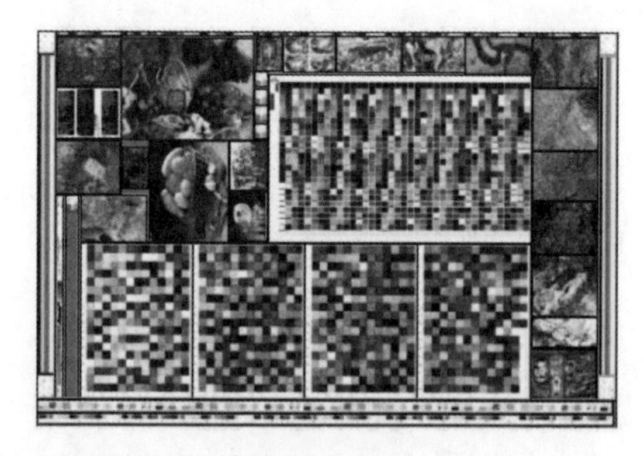

图4-5　Test Form-Ⅱ测试标版

4.2.2 印刷机校准实验过程

4.2.2.1 印刷及取样

首先做好印刷前的准备工作，包括检查油墨的传输；调节印刷压力；确保走纸顺利；控制套准精度在0.05mm内等。正式印刷条件见表4-2。

表4-2 印刷条件

<table>
<tr><td>印刷机型</td><td>SM-CD 102</td><td>印刷速度</td><td>10000 rph</td><td>纸张</td><td>157g 铜版纸</td><td>油墨</td><td>韩国东洋油墨</td></tr>
<tr><td colspan="8">压力</td></tr>
<tr><td>印版与橡皮</td><td>0.12mm</td><td>橡皮与压印</td><td>0.10mm</td><td>纸张厚度</td><td>0.12mm</td></tr>
<tr><td colspan="8">润版液</td></tr>
<tr><td>pH值</td><td>5.7</td><td>电导率</td><td>1400μs</td><td>酒精浓度</td><td>13%</td><td>温度</td><td>10℃</td></tr>
<tr><td colspan="8">其他条件</td></tr>
<tr><td>色序</td><td>BK—M—C—Y</td><td>环境温度</td><td>24℃</td><td>环境湿度</td><td>57%</td></tr>
</table>

在5个不同状态下分别印刷Test Form–Ⅱ测试标版，样张编号原则为：机器代号+版材代号+状态标识+印刷序号。

状态1时印刷200～300张，采用等间隔顺序取样，取30个样张。

状态2时印刷200～300张，采用等间隔顺序取样，取30个样张。

状态3时印刷200～300张，采用等间隔顺序取样，取30个样张。

状态4时印刷200～300张，采用等间隔顺序取样，取30个样张。

状态5时印刷200～300张，采用等间隔顺序取样，取30个样张。

4.2.2.2 过程控制数据的采集和分析

在上述每个状态的30个样张中，再各取1个样张，记录这5个状态所对应的5个样张上轴向实地密度值和50%处的网点扩大值，然后依照4.1设定的SD Target和DT Target标准分析实地密度是否达到均匀一致性，网点扩大值是否控制在标准所规定的范围之内，以此来判定印刷机是否达到校准状态，进而为该印刷机色彩特性化提供正确的数据（表4-3～表4-8、图4-6～图4-10）。

表4-3　测量条件

测量参数统计表	
仪器：X-Rite518分光密度计	观察角度：0°　/45°
标准照明体：D50	响应状态：T状态
测量孔径：2mm	密度形式：绝对值形式

（1）实地密度测量与分析。

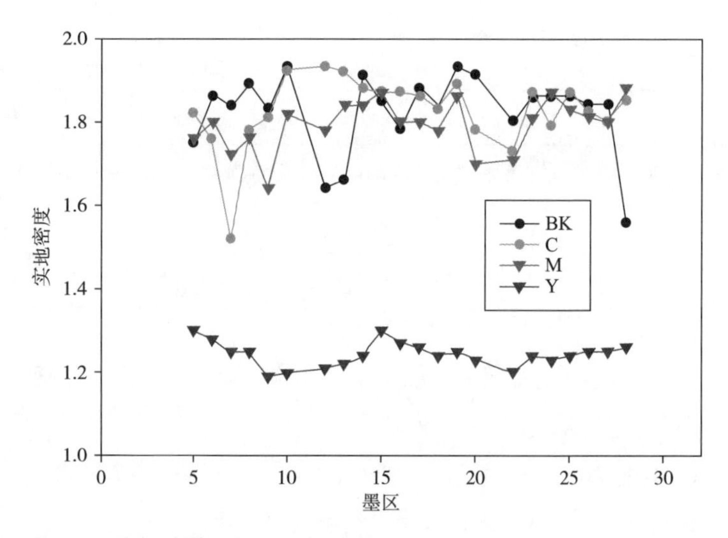

图4-6　状态1轴向实地密度随墨区的变化示意图

表4-4　状态1轴向实地密度值范围

状态1实地密度	K	C	M	Y
平均值	1.82	1.83	1.79	1.24
最大值	1.93	1.93	1.88	1.30
最小值	1.56	1.52	1.64	1.19
变化范围	0.37	0.41	0.24	0.11

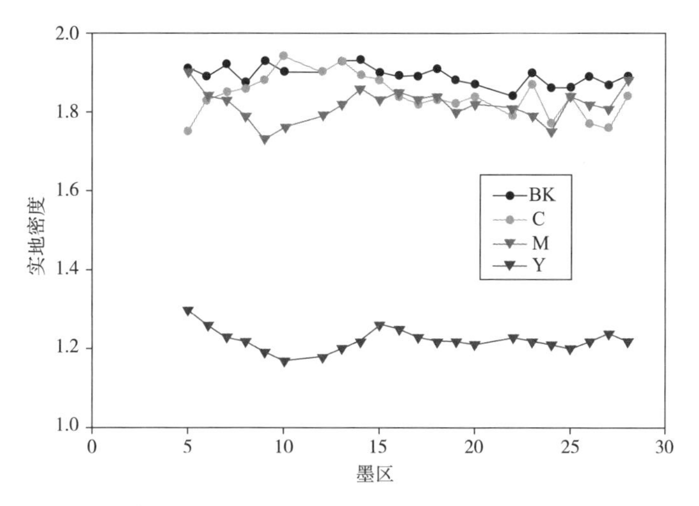

图4-7　状态2轴向实地密度随墨区的变化示意图

表4-5　状态2轴向实地密度值范围

状态2实地密度	K	C	M	Y
平均值	1.89	1.84	1.81	1.22
最大值	1.93	1.94	1.90	1.30
最小值	1.84	1.75	1.73	1.17
变化范围	0.09	0.19	0.17	0.13

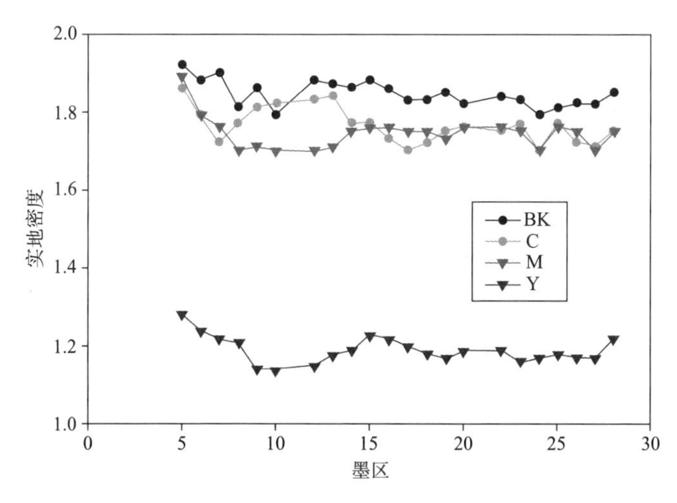

图4-8　状态3轴向实地密度随墨区的变化示意图

表4-6 状态3轴向实地密度值范围

状态3实地密度	K	C	M	Y
平均值	1.85	1.76	1.75	1.19
最大值	1.92	1.86	1.89	1.28
最小值	1.79	1.70	1.70	1.14
变化范围	0.13	0.16	0.19	0.14

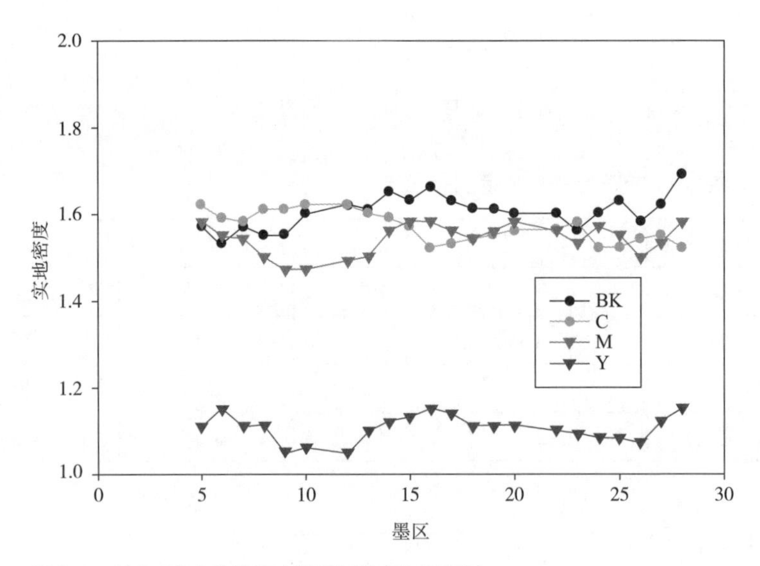

图4-9 状态4轴向实地密度随墨区的变化示意图

表4-7 状态4轴向实地密度值范围

状态4实地密度	K	C	M	Y
平均值	1.60	1.57	1.54	1.10
最大值	1.69	1.62	1.58	1.15
最小值	1.53	1.52	1.47	1.05
变化范围	0.16	0.10	0.11	0.10

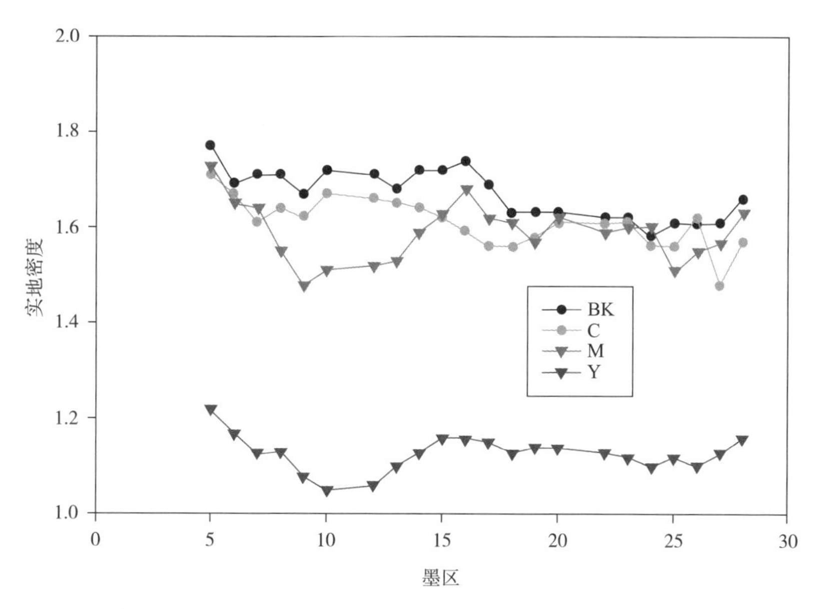

图4-10　状态5轴向实地密度随墨区的变化示意图

表4-8　状态5轴向实地密度值范围

状态5实地密度	K	C	M	Y
平均值	1.67	1.61	1.59	1.13
最大值	1.77	1.71	1.73	1.22
最小值	1.58	1.48	1.48	1.05
变化范围	0.19	0.23	0.25	0.17

从5个状态的实地密度分布曲线可以看出，状态1四色实地密度的变化范围比较大，表现在图中的波动较大，其中青色实地密度最大值为1.93，最小值为1.52，变化幅度达0.41。状态1的密度变化超出了SD Target的范围，表明此状态的不稳定性。另外四个状态的实地密度波动范围控制在0.15左右，最大波动范围不超过0.25，控制在SD Target所规定的0.28的范围之内。

特别要指出的是状态4的实地密度波动范围是所有状态中最小的，黑色实地的变化范围为0.16，品红色实地的变化范围为0.11，黄色和青色实地的变化范围均为0.10。可见，状态4在版面左、中、右区域的实地密度达到了很好的均匀性。

（2）网点扩大值测量与分析。记录5个状态下样张版面左、中、右区域各色50%处的网点扩大值，再取三组值的平均值，得到表4-9的数据。

表4-9 实验5个状态网点扩大平均值

项目	K	C	M	Y
状态1	34%	29%	27%	27%
状态2	26%	23%	22%	21%
状态3	25%	24%	22%	21%
状态4	20%	18%	16%	19%
状态5	24%	20%	19%	20%

再从网点扩大值来分析，依照DT Target规定的网点扩大值范围，状态2、状态3状态4和状态5的网点扩大值基本控制在这个允差范围之内。

综合实地密度和网点扩大的分析，发现状态1的控制参数超出了允差范围，所以剔除状态1，把其他四个状态看作是印刷机已经经过校准的状态，并选取这四个状态的样张来制作色彩特性文件。

4.2.3 输出设备色彩特性文件的制作

ICC-profile制作软件：EFI Color Profiler for Printers　　标版：IT8.7/3

仪器："EFI Spectrometer ES-1000"分光光度计

测量条件：光源=D50　　视场角=2°　　Filter="UV"

ES-1000分光光度计的波长间隔是10nm，则在整个可见光谱范围内，从380nm到730nm分成了36段。在照明体D50和2°观察视场下，逐个对每段波长的光强度进行测量，采用数学方法来模拟CIE标准观察者三种接收体的状态，将36个通道信号转换成CIE色度值，通过连机测量把数据传递到EFI Color Profiler for Printers软件中，生成ICC色彩特性文件，如图4-11所示。每个测量文本书件中包括928条记录，对应IT8.7/3标板的928个色块。为了方便说明，给生成的ICC色彩特性文件指定了代号，见表4-10。

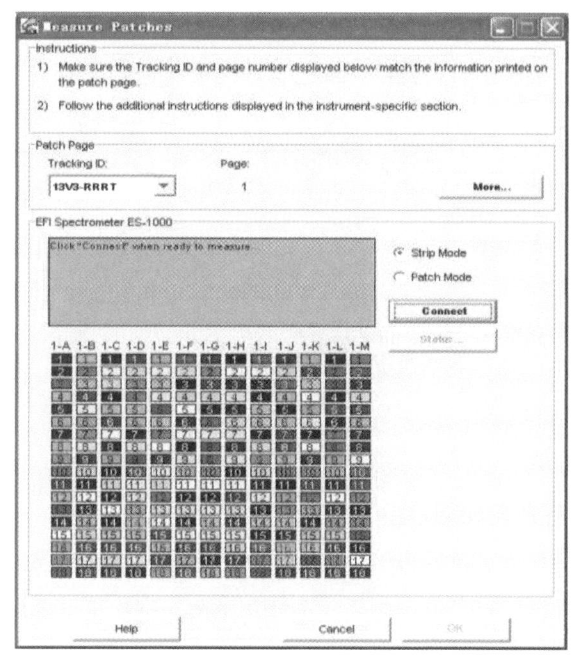

图4-11　EFI Color Profiler for Printers操作界面

表4-10　制作的输出设备色彩特性文件的代号

状态标识	状态2	状态3	状态4	状态5
ICC文件名	[illegible]	[illegible]	[illegible]	[illegible]
代号	B.icm	D.icm	I.icm	F.icm

4.3　输出设备色彩特性文件的评测

在4.2中完成了印刷机的校准和色彩特性文件的制作，本节为输出设备色彩特性化文件建立了一个基于中性灰再现能力考察、色差检测和色域对比的测评模型，并应用此模型对实验生成的四个印刷机色彩特性文件B.icm，D.icm，

I.icm，F.icm 作出评价。对于每一个评价项目，首先论述其建立的原理，然后进行数据分析，最后综合得到测评结果，评测的流程如图4–12所示。

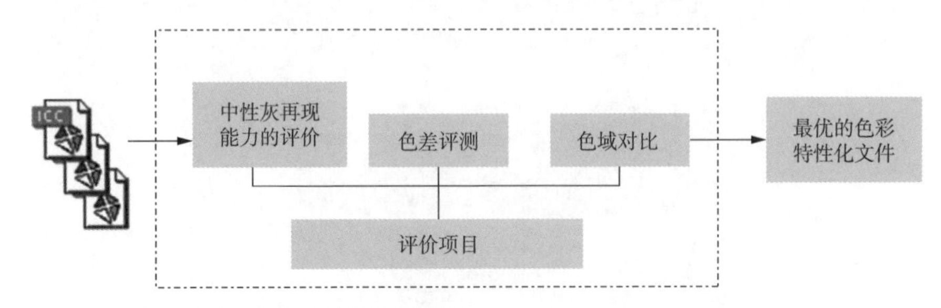

图4–12　输出设备色彩特征文件的评测模型

4.3.1　中性灰再现能力评价

中性灰平衡是保证色彩自然性的重要而且是最基本的要求，对基本色之间的阶调平衡的综合性评价测度是采用中性灰平衡，中性灰平衡表达了彩色与中性灰的相关关系，可以准确反映设备和系统的偏色状态。

4.3.1.1　模型设计

输出设备色彩特性文件的每种转换意图包括一个“向前 forward”（从描述文件连接空间到具体设备）的查找表和一个“向后 backward”（从具体设备到描述文件连接空间）的查找表，如图4–13所示。

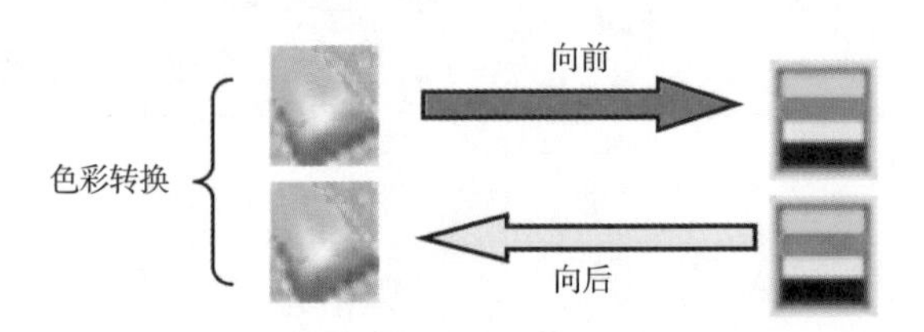

图4–13　色彩特性文件的双向查找原理

利用特性文件的工作原理，设计了一项关于“特性文件再现中性灰的能力（Neutral behavior of profile）”的评价。

这个评估的实施过程如下：

（1）设计一组LAB中性灰测试数据，明度值以1为间隔从0到100，保持彩度为0，见表4–11。

表4-11　中性灰测试数据

Sample_Name	LAB_L	LAB_A	LAB_B
G1	0	0	0
G2	1	0	0
—	—	—	—
G50	49	0	0
G51	50	0	0
—	—	—	—
G99	98	0	0
G100	99	0	0
G101	100	0	0

（2）在Photoshop中把这组测试数据制作成LAB 模式下的灰梯尺。使用图像>模式>转换为配置文件选项，并且目标空间下的配置文件选为被测试的色彩特性文件，色彩转换方式选为绝对色度匹配，色彩管理模块选为ACE，这样灰梯尺图像就被处理到CMYK色空间中。

（3）接下来从CMYK模式的图像还原到LAB色空间中，使用图像>模式>转换为配置文件选项，目标空间下的配置文件选为Lab 颜色，色彩转换方式选为绝对色度匹配，再次选用色彩管理模块ACE，灰梯尺图像又被还原到LAB色空间中，此时得到一系列新的色度值L' A' B' 。这种测试方法可以形象地称作“圆周循环”。

（4）把最终得到的101组L' A' B' 值绘制到Lab色空间中，连接转换前后101个对应点，并以向量的形式表示出来。以此评估输出设备色彩特性文件中色度查找表的精确性和再现中性灰的能力。那么，任何中性色的变化在图中就可以向量偏离明度L轴（垂直轴）的距离来表示，距离越短，偏移量越小，对中性灰的还原能力就越好。

4.3.1.2　数据分析

从原始的中性灰测试数据出发，经过四个特性文件进行上述的“圆周循环”后，得到四组L' A' B' 值，把它们分别绘制在Lab色空间中，加以比较。

由图4-14可以明显地分辨出，使用I.icm还原后的中性灰轴非常接近原始L轴，偏移量是最小的，实验结果表明，I.icm对中性灰色块的再现能力是最佳的。

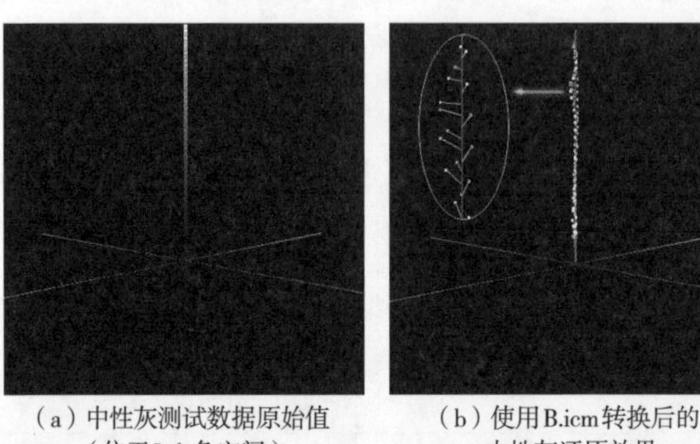

（a）中性灰测试数据原始值（位于Lab色空间）

（b）使用B.icm转换后的中性灰还原效果

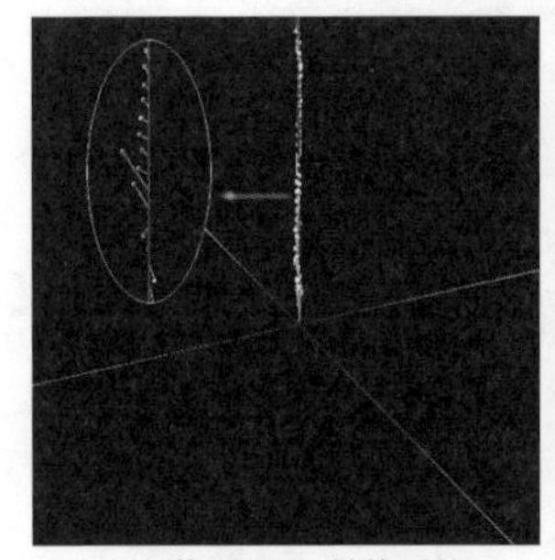

（c）使用D.icm转换后的中性灰还原效果

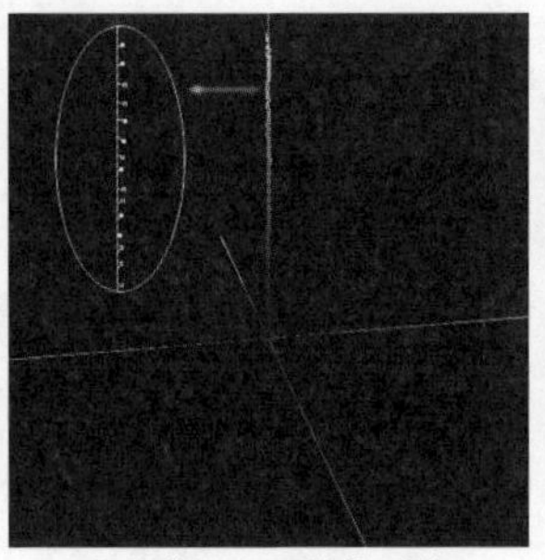

（d）使用I.icm转换后的中性灰还原效果

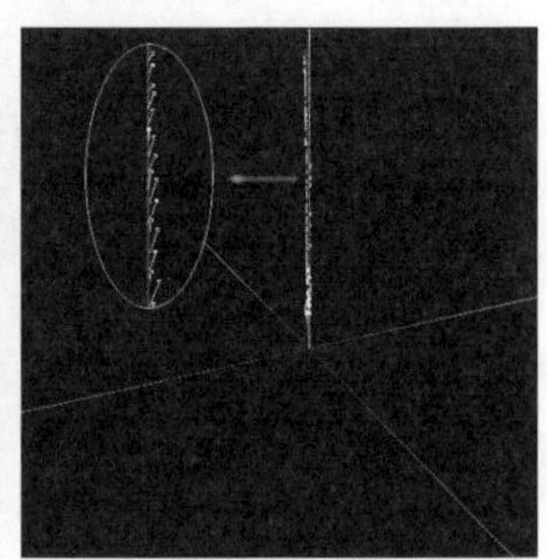

（e）使用F.icm转换后的中性灰还原效果

图4-14　中性灰测试数据的还原结果

4.3.2　色差评测

4.3.2.1　色差评测的设计原理

本研究中，色差测评借助海德堡的色彩管理软件系列——Printopen软件进行，该软件具备输出设备色彩特性文件生成（creat）、编辑（edit）、检视（view）功能。其中检视功能是用于比较ICC profile的，首先在软件中打开CMYK模式的数字测试图POXT1_CMYK.tif，它包含了210个色块，如图4-15所示，具体数据详见附录一。然后在File菜单下导入输出设备的色彩特性文件，依据导入的色彩特性文件进行计算，将这210组CMYK值转换为LAB值。

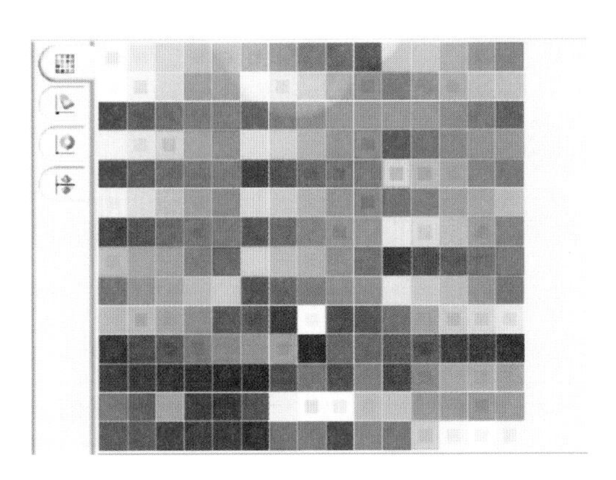

图4-15 测试图POXT1_CMYK

一些应用软件（如Adobe photoshop）和色彩特性文件制作软件中提供了一系列的符合工业标准或典型的生产环境下的ICC profile，这些文件的命名通常根据文件生成的条件，包括印刷类型、纸张类型、油墨类型等，如USWebCoatedSWOP.icc，Euroscale coated paper.icc，JapanColor2001Uncoated.icc。此次实验使用的是单张纸胶印机、铜版纸，所以选择与此次实验印刷条件相似的USOffset coated .icm（以下简称RE.icm）作为参考基准，把USOffset coated.icm以及实验四个状态下制作的色彩特性文件B.icm、D.icm、I.icm、F.icm导入Printopen软件检视功能中进行运算，得到了五组实验数据，它们分别是：

（1）导入USOffset coated.icm运算后得到的210个色块的$L^*a^*b^*$值。

（2）导入B.icm运算后得到的210个色块的$L^*a^*b^*$值。

（3）导入D.icm运算后得到的210个色块的$L^*a^*b^*$值。

（4）导入I.icm运算后得到的210个色块的$L^*a^*b^*$值。

（5）导入F.icm运算后得到的210个色块的$L^*a^*b^*$值。

4.3.2.2 数据分析

根据获得的实验数据，计算②和①、③和①、④和①、⑤和①之间对应色块的ΔE，具体实验数据详见附录二。

（1）整体色差分析。根据计算得到的ΔE，分别绘制出色差分布图和频率统计图。其中色差分布图中的XY轴表示的是测试图POXT1_CMYK中210个色块的代码，Z轴表示对应色块的ΔE。频率统计图则是按照表4-12划分的等级对色差分布进行频率统计。

表4-12　色差ΔE与视觉差别程度对照表

色差ΔE	视觉差别程度
$\Delta E \leqslant 0.5$	几乎无色差
$0.5<\Delta E \leqslant 1.5$	色差感觉很小
$1.5<\Delta E \leqslant 3$	色差有轻微感觉
$3<\Delta E \leqslant 6$	色差感觉明显
$\Delta E>6$	色差感觉强烈

根据色差计算及其统计数据，综合图4-16～图4-19，可知B.icm与RE.icm之间有74.8%的色块色差大于6，最大色差为18.40，平均色差为8.45，B.icm显然不能作为最终的印刷机色彩特性描述结果。

D.icm与RE.icm之间色差最大值和平均值都有明显的下降，平均色差降到5.03，有74.29%色块的色差都保持在0～6，但是还有个别色差达到10以上。

相比之下，I.icm与RE.icm之间色差最小，其色差平均值为1.42，所有色块的色差都在0～6，其中色差小于3的色块占到95.7%个，已经完全可以满足工业生产的精度要求。F.icm与RE.icm之间色差平均值为1.94。

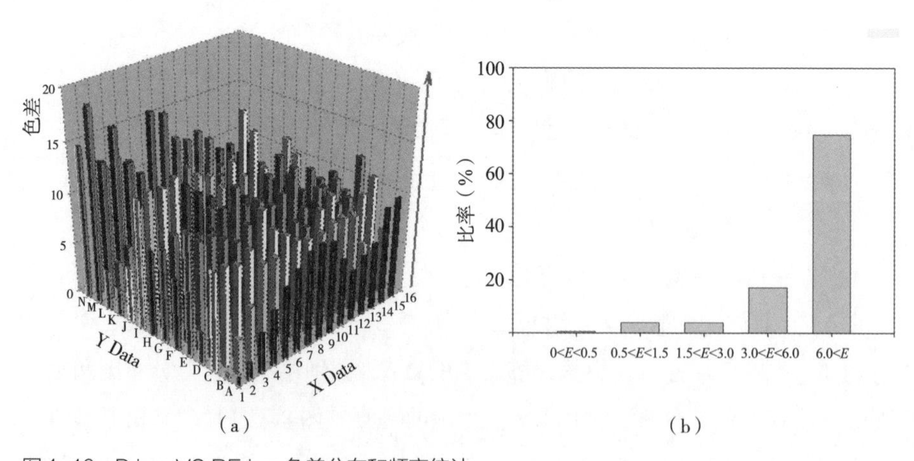

图4-16　B.icm VS RE.icm色差分布和频率统计

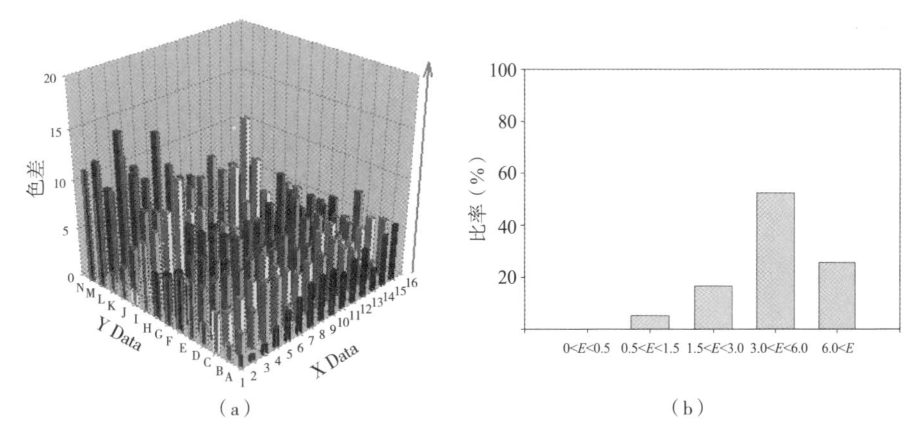

图4-17　D.icm VS RE.icm色差分布和频率统计

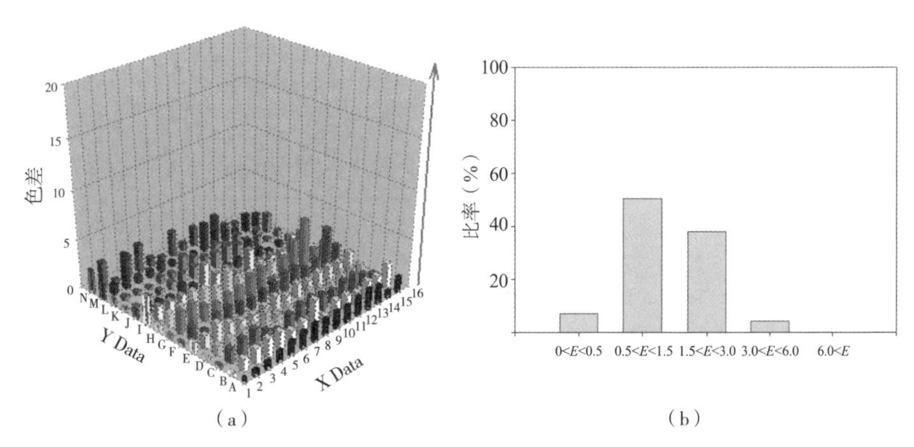

图4-18　I.icm VS RE.icm色差分布和频率统计

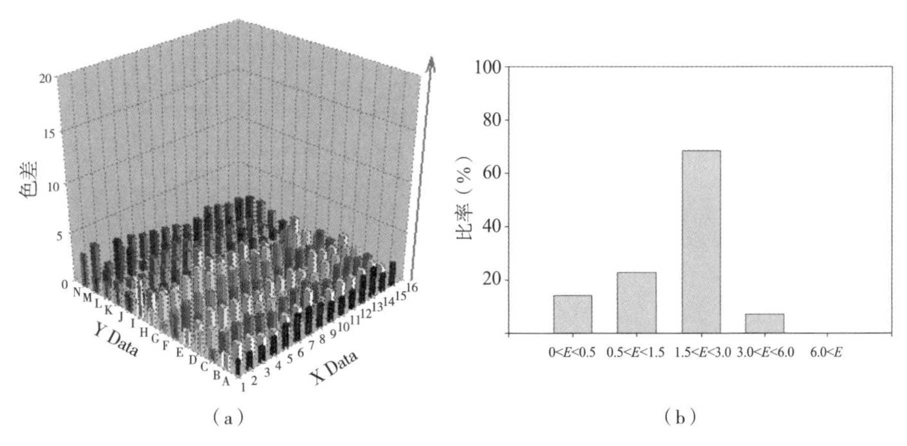

图4-19　F.icm VS RE.icm色差分布和频率统计

整体色差分析的结果是：

$\Delta E_{B.icm与RE.icm} > \Delta E_{D.icm与RE.icm} > \Delta E_{F.icm与RE.icm} > \Delta E_{I.icm与RE.icm}$

其中，F.icm与RE.icm和I.icm与RE.icm的色差比前两组色差明显降低。

（2）分色系色差值统计分析。把测试图POXT1_CMYK中的210个色块分为R、G、B、C、Y、M、Gr（灰）共7个色系，分别统计色差的最大值、最小值、平均值，统计结果见表4-13～表4-16。

表4-13　B.icm VS　RE.icm 分色系色差值统计

B.icm VS RE.icm	Y色系 ΔE	M色系 ΔE	C色系 ΔE	R系 ΔE	G色系 ΔE	B色系 ΔE	Gr色系 ΔE
min ΔE	0.38	1.01	1.12	0.66	0.84	1.29	0.56
max ΔE	16.66	13.68	14.26	15.08	18.40	12.36	16.04
ave ΔE	8.29	8.79	8.60	9.08	9.28	9.15	6.71

表4-14　D.icm VS　RE.icm 分色系色差值统计

D.icm VS RE.icm	Y色系 ΔE	M色系 ΔE	C色系 ΔE	R色系 ΔE	G色系 ΔE	B色系 ΔE	Gr色系 ΔE
min ΔE	1.44	1.75	1.67	1.20	0.94	1.70	0.68
max ΔE	14.89	9.68	10.10	11.46	11.85	8.26	14.07
ave ΔE	5.87	5.21	5.19	5.55	5.42	4.98	4.05

表4-15　I.icm VS　RE.icm分色系色差值统计

I.icm VS RE.icm	Y色系 ΔE	M色系 ΔE	C色系 ΔE	R色系 ΔE	G色系 ΔE	B色系 ΔE	Gr色系 ΔE
min ΔE	0.36	0.67	0.56	0.24	0.41	0.30	0.12
max ΔE	3.69	2.35	2.08	4.43	5.32	3.12	2.30
ave ΔE	1.54	1.48	1.42	1.52	1.81	1.43	0.99

表4-16　F.icm VS　RE.icm 分色系色差值统计

F.icm VS RE.icm	Y色系 ΔE	M色系 ΔE	C色系 ΔE	R色系 ΔE	G色系 ΔE	B色系 ΔE	Gr色系 ΔE
min ΔE	0.87	0.81	1.07	0.49	0.44	0.88	0.64
max ΔE	4.35	2.62	2.88	3.36	4.15	3.29	2.83
ave ΔE	2.39	1.95	1.83	2.01	1.94	2.13	1.66

把四个表中每一项进行纵向比较，其中B.icm、D.icm与RE.icm相比在各个色系色差都比较大，F.icm、I.icm与RE.icm相比在各个色系色差较小。可以比较得出，I.icm与RE.icm相比在7个色系里的色差的平均值都是最低的，值得一提的是，灰色系的平均色差为0.99，说明对中性灰的再现达到了相当高的精度。

经过整体色差比较和分色系统计结果，得出 I.icm和F.icm的色彩特性描述结果较B.icm和D.icm更准确。

4.3.3　色域对比分析

4.3.3.1　模型设计

色域是指某种设备能够再现的颜色的最大范围，色域再现范围越大，则色彩再现越好。CIE1976LAB颜色空间为均匀颜色空间，在不同位置，不同方向上相等的几何距离在视觉上有对应近似相等的色差。由前两项的测试可知，I.icm无论是在色差比较还是在中性灰测试中都被测评为最优特性化文件，所以将本实验输出设备的四个色彩特性文件的色域绘制在CIE LAB 色空间，分三组B.icm与I.icm、D.icm与I.icm、F.icm与I.icm来加以比较。

4.3.3.2　色域比较分析

从图4-20（a）B.icm（彩色实体）与I.icm（蓝色网状）色域图比较看出，彩色实体在右上角黄色区域有一个明显的缺角，而蓝色网状很好地补偿了这个缺角，而且蓝色网状在蓝紫区域显示出较宽泛的色域。

从图4-20（b）D.icm（彩色实体）与I.icm（蓝色网状）色域图比较看出，蓝色网状显示出较大的色域，同时彩色实体在右上角黄色区域有一个突变。

从图4-20（c）F.icm（彩色实体）与I.icm（蓝色网状）色域图比较看

出，蓝色网状整体上显示出较大的色域。

综合上述中性灰再现、色差、色域等方面的比较，可知I.icm是最优的特性化结果。

通过测评模型的分析，可以得到这样的结论：对印刷过程的优化，能使得到的特性化结果有很大程度的改善。通过每一项测评结果之间的吻合程度，可以推断此评测模型能对特性化结果有一个正确的评价，说明这种制作和评测的方法是可行的、正确的。根据本研究方法建立的色彩特性文件，在多个色彩管理项目中获得用户的一致好评，说明了本研究方法对实际生产应用具有一定的价值。

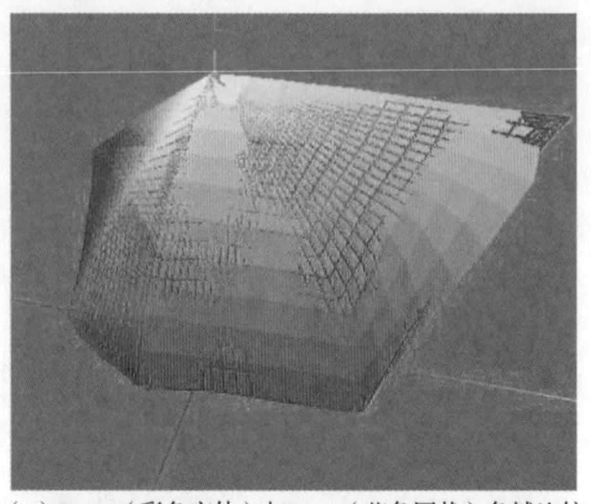

（a）B.icm（彩色实体）与I.icm（蓝色网状）色域比较

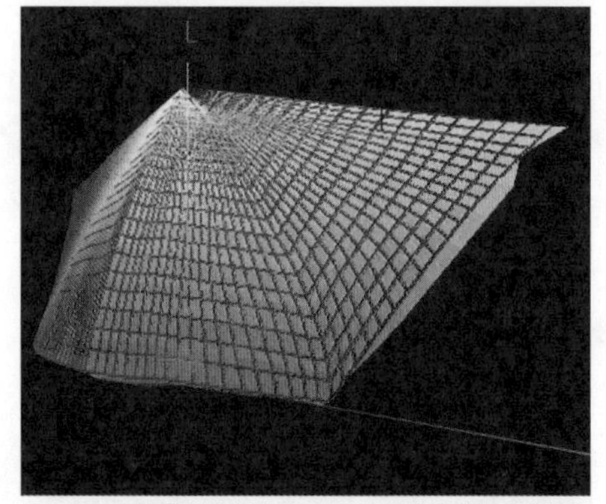

（b）D.icm（彩色实体）与I.icm（蓝色网状）色域比

（c）F.icm（彩色实体）与I.icm（蓝色网状）色域比较

图4-20　色域对比分析

第 5 章
结　论

PART 5

本书以跨媒体色彩复制领域的关键技术——色彩管理为研究目标，着重研究了色彩管理技术中的设备呈色原理和特性、设备色彩特性化方法、设备校准技术，并重点分析了各种硬件设备色彩特性化标版，通过系统的理论研究、工业试验，并结合国内生产实际要求，建立了一套适合于工业生产的设备校准和特性化的实施方案，并提出了一个基于中性灰再现能力考察、色差检测和色域对比的特性化文件测评模型。

通过内容研究，取得了一些有意义的成果：

（1）率先建立了一套适合于工业生产的设备校准和特性化的实施方案。

（2）建立了色彩特性文件评测模型，能够通过中性灰再现能力考察、色差检测和色域对比分析三项评比来选择色彩特性文件。通过“逐步筛选精化”的方法，得到最优的色彩特性描述结果，解决了色彩特性化精度对色彩管理应用的制约，对实际生产有较好的指导作用和实际应用价值。

（3）实验数据分析结果表明，对印刷过程的优化，能够有效提高特性化的精度，明显提高色彩管理的质量，满足实际生产对色彩管理精度日益提高的需求。

（4）基于对各类设备色彩特性化标版细致的分类和解析，揭示了其特征色选取的内在规律，为设备特征化专业标版的改进提供了理论依据。

参考文献

[1] 王强．电子分色原理与工艺[M]．武汉：武汉测绘科技大学出版社，1993.
[2] 谢普南，王强．印刷媒体手册[M]．广州：广州世界图书出版公司，2004.
[3] 荆其诚，等．色度学[M]．北京：科学出版社，1979.
[4] 田全慧，刘珺．印刷色彩管理[M]．北京：印刷工业出版社，2003.
[5] 黄炜．印刷输出设备特征描述文件的制作与色彩管理，今日印刷，2003(4).
[6] 杜功顺．印刷色彩学[M]．北京：印刷工业出版社，1993.
[7] 江瑞璋．标准印刷机的色彩描述档ISO 12647-2标准，崭新科技，2005(1).
[8] 李亨．颜色技术及其应用[M]．北京：科学出版社，1994.
[9] 罗梅君，等．灰色平衡对输入设备色彩特性演绎模式化的重要性，2004.
[10] 陈亚雄．色彩管理技术及应用现状[J]．印刷技术，2000(2).
[11] 胡成发．印刷色彩学[M]．北京：印刷工业出版社，2002.
[12] 江瑞璋．描述印刷机的色彩能力——CMYK至CIE XYZ色空间[J]．崭新科技，2002(7).
[13] 徐丹，等．基于ICC标准的色彩管理的研究，软件学报，Vol.9 No.10 Oct.1998.
[14] 周世生．高等色彩学[M]．北京：印刷工业出版社，1997.
[15] 张桂兰．浅谈色彩管理系统[J]．印刷技术，2000(2).
[16] 胡涛，等．基于ICC标准的色彩管理系统[J]．印刷技术，2000(2).
[17] 王强．空间信息的色彩管理机制研究[D]．武汉：武汉大学博士论文，2005.
[18] 彭辉．基于数码打样系统的色彩匹配算[D]．武汉：武汉大学硕士论文，2003.
[19] 贺文琼，陈亚雄．设备颜色特性文件中信息的读取方法[J]．北京印刷学院学报，2001(6).
[20] 江瑞璋．色彩品质的评估及色差研究[J]．崭新科技，2002(11).
[21] 金杨，宋月红．色彩管理原理和实施方法[J]．中国印刷，2000(3).
[22] 李育才．印刷Profile问题探讨[J]．印艺，2002(8).

附　　录

附录一　数字测试图POXT1_CMYK 210个色块基本参数

色块编号	网点面积率（%）				色块编号	网点面积率（%）			
	C	M	Y	K		C	M	Y	K
A1	5	5	5	0	B05	100	0	0	0
A2	10	10	10	0	B06	0	20	0	0
A3	20	20	20	0	B07	20	20	0	0
A4	30	30	30	0	B08	40	20	0	0
A5	40	40	40	0	B09	70	20	0	0
A6	50	50	50	0	B10	100	20	0	0
A7	60	60	60	0	B11	100	40	20	0
A8	70	70	70	0	B12	70	40	20	0
A9	80	80	80	0	B13	40	40	20	0
A10	90	90	90	0	B14	20	40	20	0
A11	0	40	0	0	B15	0	40	20	0
A12	20	40	0	0	C01	100	100	0	0
A13	40	40	0	0	C02	70	100	0	0
A14	70	40	0	0	C03	40	100	0	0
A15	100	40	0	0	C04	20	100	0	0
B01	0	0	0	0	C05	0	100	0	0
B02	20	0	0	0	C06	100	70	0	0
B03	40	0	0	0	C07	70	70	0	0
B04	70	0	0	0	C08	40	70	0	0

续表

色块编号	网点面积率（%）				色块编号	网点面积率（%）			
	C	M	Y	K		C	M	Y	K
C09	20	70	0	0	E04	20	100	20	0
C10	0	70	0	0	E05	0	100	20	0
C11	0	70	0	0	E06	100	100	40	0
C12	20	70	20	0	E07	70	100	40	0
C13	40	70	20	0	E08	40	100	40	0
C14	70	70	20	0	E09	20	100	40	0
C15	100	70	20	0	E10	0	100	40	0
D01	0	0	20	0	E11	0	40	40	0
D02	20	0	20	0	E12	20	40	40	0
D03	40	0	20	0	E13	40	40	40	0
D04	70	0	20	0	E14	70	40	40	0
D05	100	0	20	0	E15	100	40	40	0
D06	0	20	20	0	F01	0	0	40	0
D07	20	20	20	0	F02	20	0	40	0
D08	40	20	20	0	F03	40	0	40	0
D09	70	20	20	0	F04	70	0	40	0
D10	100	20	20	0	F05	100	0	40	0
D11	100	70	40	0	F06	0	20	40	0
D12	70	70	40	0	F07	20	20	40	0
D13	40	70	40	0	F08	40	20	40	0
D14	20	70	40	0	F09	70	20	40	0
D15	0	70	40	0	F10	100	20	40	0
E01	100	100	20	0	F11	100	40	70	0
E02	70	100	20	0	F12	70	40	70	0
E03	40	100	20	0	F13	40	40	70	0

续表

色块编号	网点面积率（%）				色块编号	网点面积率（%）			
	C	M	Y	K		C	M	Y	K
F14	20	40	70	0	H09	70	20	70	0
F15	0	40	70	0	H10	100	20	70	0
G01	100	100	70	0	H11	100	100	100	0
G02	70	100	70	0	H12	70	100	100	0
G03	40	100	70	0	H13	40	100	100	0
G04	20	100	70	0	H14	20	100	100	0
G05	0	100	70	0	H15	0	100	100	0
G06	100	70	70	0	I01	100	20	100	0
G07	70	70	70	0	I02	70	20	100	0
G08	40	70	70	0	I03	40	20	100	0
G09	20	70	70	0	I04	20	20	100	0
G10	0	70	70	0	I05	0	20	100	0
G11	0	0	70	0	I06	100	70	100	0
G12	20	0	70	0	I07	70	70	100	0
G13	40	0	70	0	I08	40	70	100	0
G14	70	0	70	0	I09	20	70	100	0
G15	100	0	70	0	I10	0	70	100	0
H01	0	40	100	0	I11	0	0	100	0
H02	20	40	100	0	I12	20	0	100	0
H03	40	40	100	0	I13	40	0	100	0
H04	70	40	100	0	I14	70	0	100	0
H05	100	40	100	0	I15	100	0	100	0
H06	0	20	70	0	J01	20	20	20	10
H07	20	20	70	0	J02	20	20	20	20
H08	40	20	70	0	J03	20	20	20	30

续表

色块编号	网点面积率（%）				色块编号	网点面积率（%）			
	C	M	Y	K		C	M	Y	K
J04	20	20	20	50	K14	70	70	70	90
J05	20	20	20	80	K15	70	70	70	100
J06	20	20	20	90	L01	100	100	100	10
J07	20	20	20	100	L02	100	100	100	20
J08	0	0	0	0	L03	100	100	100	30
J09	0	0	0	100	L04	100	100	100	50
J10	0	0	0	90	L05	100	100	100	80
J11	0	0	0	80	L06	100	100	100	90
J12	0	0	0	50	L07	40	40	0	90
J13	0	0	0	30	L08	40	40	0	50
J14	0	0	0	20	L09	40	0	40	90
J15	0	0	0	10	L10	40	0	40	50
K01	40	40	40	100	L11	0	40	40	90
K02	40	40	40	90	L12	0	40	40	50
K03	40	40	40	80	L13	0	40	40	20
K04	40	40	40	50	L14	40	0	40	20
K05	40	40	40	30	L15	40	40	0	20
K06	40	40	40	20	M01	100	0	0	50
K07	40	40	40	10	M02	0	100	0	50
K08	100	100	100	100	M03	0	0	100	50
K09	70	70	70	10	M04	100	0	0	90
K10	70	70	70	20	M05	0	100	0	90
K11	70	70	70	30	M06	0	0	100	90
K12	70	70	70	50	M07	5	0	0	0
K13	70	70	70	80	M08	0	5	0	0

续表

色块编号	网点面积率（%）				色块编号	网点面积率（%）			
	C	M	Y	K		C	M	Y	K
M09	0	0	5	0	N05	100	0	100	90
M10	15	25	75	0	N06	100	100	0	90
M11	25	15	75	0	N07	0	100	100	20
M12	75	15	25	0	N08	100	0	100	20
M13	75	25	15	0	N09	100	100	0	20
M14	25	75	15	0	N10	100	0	0	20
M15	15	75	25	0	N11	0	100	0	20
N01	0	100	100	50	N12	0	0	100	20
N02	100	0	100	50	N13	5	5	0	0
N03	100	100	0	50	N14	0	5	5	0
N04	0	100	100	90	N15	5	0	5	0

附录二　色差统计

五组实验数据：

（1）导入USOffset coated .icm运算后得到的210个色块的L*a*b*值。

（2）导入B.icm 运算后得到的210个色块的L*a*b*值。

（3）导入D.icm 运算后得到的210个色块的L*a*b*值。

（4）导入I.icm 运算后得到的210个色块的L*a*b*值。

（5）导入F.icm 运算后得到的210个色块的L*a*b*值。

色块编号	ΔE ①和②	ΔE ①和③	ΔE ①和④	ΔE ①和⑤	色块编号	ΔE ①和②	ΔE ①和③	ΔE ①和④	ΔE ①和⑤
A1	0.85	1.18	1.64	0.58	A13	6.60	2.42	3.02	2.02
A2	1.67	0.68	1.67	0.76	A14	9.59	5.32	1.78	0.78
A3	3.92	0.98	1.56	0.90	A15	10.09	5.86	2.33	1.69
A4	5.47	2.10	1.84	1.24	B1	0.56	1.72	1.59	0.46
A5	7.06	3.06	2.43	1.54	B2	3.40	2.31	2.01	1.24
A6	8.09	3.71	2.72	1.83	B3	5.96	3.87	1.90	1.57
A7	9.20	4.54	2.73	1.95	B4	9.43	6.12	1.36	1.85
A8	9.37	4.73	2.46	1.72	B5	9.34	5.90	1.20	1.87
A9	8.97	4.70	1.95	1.89	B6	2.98	2.35	2.00	1.32
A10	6.74	3.74	1.84	1.81	B7	3.54	1.83	2.23	1.58
A11	5.02	4.55	1.95	2.09	B8	5.05	3.37	3.29	3.12
A12	5.94	5.05	2.79	2.25	B9	9.45	5.73	0.91	0.81

续表

色块编号	ΔE ①和②	ΔE ①和③	ΔE ①和④	ΔE ①和⑤	色块编号	ΔE ①和②	ΔE ①和③	ΔE ①和④	ΔE ①和⑤
B10	9.88	6.69	2.02	1.78	D5	6.82	3.53	0.44	1.15
B11	9.78	5.28	2.35	1.69	D6	4.43	2.77	1.79	1.78
B12	9.45	4.46	2.18	1.33	D7	3.92	0.98	1.56	0.90
B13	6.17	2.16	2.30	1.96	D8	5.28	1.77	1.61	1.12
B14	4.88	1.95	2.50	1.81	D9	9.32	5.05	1.07	0.56
B15	6.56	5.92	1.56	2.56	D10	8.30	4.84	1.67	1.56
C1	9.69	4.21	1.11	0.53	D11	11.56	7.43	1.59	1.14
C2	9.68	3.64	2.12	1.50	D12	10.23	4.76	2.42	1.07
C3	9.17	4.39	2.41	1.85	D13	8.96	4.36	2.47	1.57
C4	10.02	5.47	2.51	2.11	D14	9.09	4.90	2.71	1.41
C5	13.14	7.42	1.99	1.31	D15	12.68	7.66	2.13	1.19
C6	10.78	5.73	1.53	0.71	E1	11.86	6.01	1.72	1.26
C7	9.74	4.72	2.35	1.64	E2	10.69	4.80	1.85	1.35
C8	8.71	3.77	2.58	2.03	E3	10.59	4.95	2.43	1.93
C9	8.21	4.34	2.77	2.16	E4	9.81	4.89	2.10	1.34
C10	10.57	6.79	1.97	1.74	E5	14.07	7.83	2.04	0.92
C11	11.41	7.12	1.66	1.56	E6	10.03	5.16	1.93	0.84
C12	8.71	4.85	2.62	1.90	E7	11.76	5.90	1.65	1.08
C13	8.76	4.06	2.83	1.98	E8	10.88	4.88	2.25	1.47
C14	9.99	4.91	2.25	1.48	E9	11.49	5.88	1.98	0.89
C15	11.19	5.49	1.97	0.88	E10	13.46	9.20	2.08	1.53
D1	3.17	2.37	2.25	0.51	E11	9.07	6.47	1.44	1.23
D2	3.42	0.94	1.96	1.08	E12	5.82	3.30	2.87	1.54
D3	5.94	2.81	0.91	1.17	E13	7.06	3.06	2.43	1.54
D4	10.14	5.95	0.62	1.36	E14	10.40	4.96	2.17	1.39

续表

色块编号	ΔE ①和②	ΔE ①和③	ΔE ①和④	ΔE ①和⑤	色块编号	ΔE ①和②	ΔE ①和③	ΔE ①和④	ΔE ①和⑤
E15	8.74	4.45	2.88	1.93	G14	10.46	6.11	0.64	1.65
F1	6.97	5.68	2.38	0.54	G15	8.93	5.07	1.69	1.75
F2	5.18	4.32	2.69	1.45	H1	8.42	4.73	1.58	0.85
F3	6.20	3.03	1.13	0.41	H2	7.02	4.12	2.67	1.46
F4	10.06	5.33	0.74	1.52	H3	8.15	3.77	2.28	1.54
F5	7.94	4.92	1.16	1.54	H4	13.10	7.86	3.10	2.49
F6	5.94	3.36	2.01	1.31	H5	11.85	6.58	3.41	2.09
F7	4.99	3.01	1.97	1.22	H6	10.99	6.81	2.25	1.60
F8	6.61	3.00	1.55	1.29	H7	8.09	5.16	2.57	2.75
F9	9.34	4.60	1.16	1.56	H8	7.80	4.33	1.57	1.51
F10	8.67	4.64	1.65	2.05	H9	9.51	4.70	1.76	1.39
F11	8.48	4.58	3.05	1.96	G10	11.70	7.33	1.59	0.73
F12	9.71	4.72	2.43	1.31	G11	13.12	9.86	3.02	2.39
F13	8.04	4.06	2.15	1.68	G12	10.75	7.63	4.15	3.62
F14	9.13	5.63	3.25	4.43	G13	8.75	5.35	0.77	5.32
F15	10.09	5.95	1.82	2.01	H10	8.27	4.16	2.27	1.88
G1	9.21	4.83	0.88	0.58	H11	3.65	2.14	1.99	1.34
G2	10.09	4.71	1.64	2.35	H12	9.72	3.47	1.54	1.03
G3	9.78	5.76	1.89	2.49	H13	8.42	2.59	1.45	0.96
G4	9.00	5.03	1.98	1.61	H14	4.89	1.20	1.82	1.02
G5	10.98	7.19	1.72	1.28	H15	2.73	3.04	1.52	0.76
G6	10.50	5.89	2.55	1.60	I1	12.65	7.19	4.14	3.05
G7	9.37	4.73	2.46	1.72	I2	13.07	7.79	2.19	1.53
G8	9.71	6.53	2.78	2.33	I3	6.44	2.44	1.85	1.40
G9	9.83	5.98	2.94	2.51	I4	5.27	2.19	1.64	1.36

续表

色块编号	ΔE ①和②	ΔE ①和③	ΔE ①和④	ΔE ①和⑤	色块编号	ΔE ①和②	ΔE ①和③	ΔE ①和④	ΔE ①和⑤
I5	5.28	4.06	1.15	0.44	J15	2.95	0.72	1.46	0.72
I6	12.59	7.85	4.13	3.38	K1	2.70	1.69	1.54	0.51
I7	12.04	7.05	2.58	1.83	K2	6.56	4.86	0.67	0.12
I8	10.46	5.05	2.04	1.91	K3	9.80	8.09	1.13	0.57
I9	8.96	4.13	2.08	0.76	K4	10.32	7.49	1.50	0.58
I10	10.67	6.41	2.43	2.61	K5	9.87	5.69	1.53	0.82
I11	4.95	4.05	0.87	0.92	K6	9.27	4.90	1.81	1.20
I12	3.92	2.53	1.43	0.91	K7	8.12	3.82	2.17	1.31
I13	5.60	2.58	0.49	0.69	K8	1.95	1.25	2.17	0.86
I14	12.50	6.38	1.47	1.97	K9	9.28	4.36	2.31	1.70
I15	10.44	5.44	2.39	1.86	K10	9.59	4.32	2.00	1.73
J1	5.49	1.53	1.44	1.02	K11	9.67	5.27	1.79	1.44
J2	7.21	2.31	1.30	1.10	K12	9.19	5.57	1.29	0.55
J3	9.89	5.32	1.06	0.76	K13	5.68	5.08	1.81	1.17
J4	11.77	8.05	1.01	0.54	K14	3.78	2.87	1.01	0.39
J5	12.32	10.81	1.85	1.27	K15	2.34	1.32	2.00	0.79
J6	8.71	6.98	1.07	0.57	L1	3.96	2.03	1.58	0.80
J7	3.64	2.59	1.20	0.56	L2	4.28	2.17	1.18	0.50
J8	0.56	1.72	1.59	0.46	L3	4.45	2.06	0.86	0.37
J9	4.71	3.95	0.95	0.91	L4	4.39	2.28	0.64	0.27
J10	11.52	9.56	1.78	1.05	L5	4.16	3.04	2.04	0.79
J11	16.04	14.07	2.83	2.30	L6	2.79	1.89	1.99	0.59
J12	13.63	9.43	1.14	0.99	L7	8.96	7.82	2.40	1.81
J13	9.46	5.32	0.72	0.20	L8	10.86	7.42	2.10	1.20
J14	6.11	2.05	1.14	0.63	L9	9.41	7.89	1.27	0.64

续表

色块编号	ΔE ①和②	ΔE ①和③	ΔE ①和④	ΔE ①和⑤	色块编号	ΔE ①和②	ΔE ①和③	ΔE ①和④	ΔE ①和⑤
L10	12.81	9.62	1.69	1.50	M15	9.66	5.67	2.47	1.48
L11	9.65	7.63	0.49	0.89	N1	15.08	11.40	3.36	2.47
L12	10.39	7.85	1.34	1.41	N2	18.40	11.85	3.85	2.79
L13	7.55	3.16	1.19	0.24	N3	12.24	8.26	1.27	0.30
L14	8.80	4.41	1.04	0.79	N4	12.75	11.46	2.46	2.27
L15	8.02	3.26	2.54	2.02	N5	11.88	9.88	3.02	2.91
M1	14.26	9.23	1.53	1.73	N6	6.09	5.63	2.61	0.96
M2	13.68	9.68	1.67	1.03	N7	7.98	3.27	2.16	0.47
M3	16.44	14.89	4.35	3.69	N8	15.21	8.64	2.15	2.66
M4	12.66	10.10	2.68	0.78	N9	12.36	6.85	1.90	0.86
M5	11.13	9.11	0.81	0.77	N10	11.73	6.48	1.36	2.08
M6	16.66	13.46	3.51	1.04	N11	12.18	5.61	1.58	1.29
M7	1.12	1.67	1.62	0.58	N12	7.74	5.12	2.31	1.76
M8	1.01	1.75	1.73	0.67	N13	1.29	1.70	2.01	0.76
M9	0.38	1.44	1.63	0.36	N14	0.66	1.56	1.62	0.45
M10	8.50	5.00	2.51	3.04	N15	0.84	1.28	1.74	0.56
M11	9.17	5.68	2.64	3.35	average	8.45	5.03	1.94	1.42
M12	10.39	5.66	1.42	1.21	max	18.40	14.89	4.35	5.32
M13	10.43	5.55	1.26	0.79	min	0.38	0.68	0.44	0.12
M14	9.07	5.04	2.69	1.89					

附录三　Munsell色卡的彩色图像RGBE值

NO.	MUNSELL NOTATION	R	G	B	E
1	2.5 R 9 / 2	193	177	174	181
2	2.5 R 8 / 2	174	156	156	161
3	2.5 R 7 / 2	152	130	131	136
4	2.5 R 6 / 2	128	101	104	109
5	2.5 R 5 / 2	105	77	80	85
6	2.5 R 4 / 2	85	50	56	61
7	2.5 R 3 / 2	53	29	33	36
8	2.5 R 2.5 / 2	42	21	26	27
9	2.5 R 8 / 4	190	152	153	163
10	2.5 R 7 / 4	168	126	128	138
11	2.5 R 6 / 4	149	98	103	113
12	2.5 R 5 / 4	124	71	77	87
13	2.5 R 4 / 4	102	45	50	62
14	2.5 R 3 / 4	72	25	29	39
15	2.5 R 7 / 6	183	120	125	139
16	2.5 R 6 / 6	160	91	98	112
17	2.5 R 5 / 6	140	67	75	89
18	2.5 R 4 / 6	118	40	49	64
19	2.5 R 3 / 6	81	24	31	41
20	2.5 R 7 / 8	198	117	122	141
21	2.5 R 6 / 8	169	85	96	111

续表

NO.	MUNSELL NOTATION	R	G	B	E
22	2.5 R 5 / 8	151	57	71	86
23	2.5 R 4 / 8	128	36	47	64
24	2.5 R 7 / 10	201	109	118	137
25	2.5 R 6 / 10	181	77	90	109
26	2.5 R 5 / 10	162	49	65	84
27	2.5 R 4 / 10	142	32	45	66
28	2.5 R 6 / 12	184	69	86	105
29	2.5 R 5 / 12	170	45	65	84
30	2.5 R 4 / 12	146	27	45	64
31	5 R 9 / 1	184	174	173	176
32	5 R 8 / 1	164	152	152	155
33	5 R 7 / 1	144	130	131	134
34	5 R 6 / 1	124	106	108	111
35	5 R 5 / 1	96	77	82	83
36	5 R 4 / 1	73	50	54	57
37	5 R 3 / 1	46	29	31	34
38	5 R 2.5 / 1	33	22	24	25
39	5 R 9 / 2	190	170	167	175
40	5 R 8 / 2	172	152	150	157
41	5 R 7 / 2	155	129	129	136
42	5 R 6 / 2	133	106	109	114
43	5 R 5 / 2	110	77	80	87
44	5 R 4 / 2	85	48	51	59
45	5 R 3 / 2	58	30	31	38
46	5 R 2.5 / 2	39	22	24	27
47	5 R 8 / 4	191	148	146	160

续表

NO.	MUNSELL NOTATION	R	G	B	E
48	5 R7/4	167	121	120	134
49	5 R6/4	150	97	101	113
50	5 R5/4	125	68	71	85
51	5 R4/4	103	42	45	60
52	5 R3/4	69	25	28	38
53	5 R7/6	181	114	117	134
54	5 R6/6	163	92	96	113
55	5 R5/6	139	60	65	84
56	5 R4/6	111	37	40	59
57	5 R3/6	81	23	26	40
58	5 R7/8	191	107	109	132
59	5 R6/8	175	84	88	111
60	5 R5/8	152	55	60	84
61	5 R4/8	123	33	33	59
62	5 R7/10	198	102	102	130
63	5 R6/10	181	72	79	105
64	5 R5/10	159	47	49	80
65	5 R4/10	138	27	29	60
66	5 R6/12	185	60	70	98
67	5 R5/12	169	38	42	77
68	5 R4/12	141	22	28	58
69	5 R6/14	189	53	69	95
70	5 R5/14	169	34	42	75
71	5 R4/14	142	19	26	56
72	7.5 R9/2	191	174	170	178
73	7.5 R8/2	165	148	144	152

续表

NO.	MUNSELL NOTATION	R	G	B	E
74	7.5 R 7 / 2	148	125	123	131
75	7.5 R 6 / 2	130	102	102	110
76	7.5 R 5 / 2	105	73	74	82
77	7.5 R 4 / 2	83	47	47	57
78	7.5 R 3 / 2	51	25	25	32
79	7.5 R 2.5 / 2	38	21	23	26
80	7.5 R 8 / 4	187	142	137	154
81	7.5 R 7 / 4	165	119	117	132
82	7.5 R 6 / 4	147	95	93	110
83	7.5 R 5 / 4	125	69	68	85
84	7.5 R 4 / 4	98	41	38	57
85	7.5 R 3 / 4	69	23	21	36
86	7.5 R 7 / 6	179	112	108	131
87	7.5 R 6 / 6	161	88	85	109
88	7.5 R 5 / 6	136	59	55	81
89	7.5 R 4 / 6	113	36	30	58
90	7.5 R 3 / 6	84	24	22	41
91	7.5 R 7 / 8	190	105	98	129
92	7.5 R 6 / 8	173	84	78	109
93	7.5 R 5 / 8	150	51	44	79
94	7.5 R 4 / 8	123	30	26	57
95	7.5 R 7 / 10	202	97	89	127
96	7.5 R 6 / 10	184	75	68	106
97	7.5 R 5 / 10	162	46	35	79
98	7.5 R 4 / 10	136	31	26	61
99	7.5 R 6 / 12	187	66	53	100

续表

NO.	MUNSELL NOTATION	R	G	B	E
100	7.5 R 5 / 12	168	39	32	76
101	7.5 R 4 / 12	139	27	25	60
102	10 R 9 / 1	186	175	170	177
103	10 R 8 / 1	168	156	154	159
104	10 R 7 / 1	144	131	129	134
105	10 R 6 / 1	125	107	107	112
106	10 R 5 / 1	100	80	78	85
107	10 R 4 / 1	76	52	54	59
108	10 R 3 / 1	47	31	30	35
109	10 R 2.5 / 1	34	22	24	25
110	10 R 9 / 2	194	173	168	178
111	10 R 8 / 2	175	153	151	159
112	10 R 7 / 2	153	130	124	136
113	10 R 6 / 2	133	106	103	113
114	10 R 5 / 2	109	82	77	89
115	10 R 4 / 2	84	50	50	60
116	10 R 3 / 2	59	32	29	39
117	10 R 2.5 / 2	47	25	24	31
118	10 R 8 / 4	190	146	134	157
119	10 R 7 / 4	168	126	116	137
120	10 R 6 / 4	152	101	92	115
121	10 R 5 / 4	124	72	63	86
122	10 R 4 / 4	100	41	34	57
123	10 R 3 / 4	73	27	25	40
124	10 R 8 / 6	202	141	126	157
125	10 R 7 / 6	183	117	105	135

续表

NO.	MUNSELL NOTATION	R	G	B	E
126	10 R 6 / 6	165	91	78	111
127	10 R 5 / 6	135	64	48	83
128	10 R 4 / 6	113	39	28	59
129	10 R 8 / 8	208	134	113	153
130	10 R 7 / 8	192	107	88	130
131	10 R 6 / 8	175	86	66	110
132	10 R 5 / 8	148	58	38	82
133	10 R 4 / 8	119	35	23	58
134	10 R 7 / 10	198	100	73	126
135	10 R 6 / 10	181	75	47	103
136	10 R 5 / 10	156	46	25	76
137	10 R 7 / 12	205	94	60	123
138	10 R 6 / 12	185	63	30	95
139	10 R 5 / 12	157	43	21	74
140	2.5 YR 9 / 2	190	169	160	174
141	2.5 YR 8 / 2	169	150	140	154
142	2.5 YR 7 / 2	148	125	119	131
143	2.5 YR 6 / 2	127	100	93	107
144	2.5 YR 5 / 2	99	72	65	79
145	2.5 YR 4 / 2	80	50	40	57
146	2.5 YR 3 / 2	51	29	27	35
147	2.5 YR 2.5 / 2	35	19	18	23
148	2.5 YR 8 / 4	185	144	128	154
149	2.5 YR 7 / 4	164	119	104	130
150	2.5 YR 6 / 4	146	98	82	110
151	2.5 YR 5 / 4	120	62	47	77

续表

NO.	MUNSELL NOTATION	R	G	B	E
152	2.5 YR 4 / 4	103	45	32	60
153	2.5 YR 8 / 6	197	139	116	153
154	2.5 YR 7 / 6	176	112	88	128
155	2.5 YR 6 / 6	156	90	64	106
156	2.5 YR 5 / 6	133	56	38	76
157	2.5 YR 4 / 6	109	40	23	58
158	2.5 YR 8 / 8	207	135	101	152
159	2.5 YR 7 / 8	186	108	73	127
160	2.5 YR 6 / 8	165	78	46	100
161	2.5 YR 5 / 8	144	52	27	76
162	2.5 YR 4 / 8	128	39	21	63
163	2.5 YR 7 / 10	195	100	56	123
164	2.5 YR 6 / 10	175	74	32	99
165	2.5 YR 5 / 10	148	51	22	76
166	2.5 YR 7 / 12	201	99	39	122
167	2.5 YR 6 / 12	181	71	24	98
168	2.5 YR 6 / 14	184	77	19	102
169	5 YR 9 / 1	185	173	165	175
170	5 YR 8 / 1	166	155	149	157
171	5 YR 7 / 1	146	131	124	134
172	5 YR 6 / 1	127	107	102	112
173	5 YR 5 / 1	97	80	76	84
174	5 YR 4 / 1	71	54	48	58
175	5 YR 3 / 1	41	29	27	32
176	5 YR 2.5 / 1	31	23	24	25
177	5 YR 9 / 2	194	174	163	178

续表

NO.	MUNSELL NOTATION	R	G	B	E
178	5 YR 8 / 2	173	151	139	156
179	5 YR 7 / 2	153	128	119	134
180	5 YR 6 / 2	134	105	95	112
181	5 YR 5 / 2	107	79	66	85
182	5 YR 4 / 2	80	51	41	58
183	5 YR 3 / 2	47	30	26	34
184	5 YR 9 / 4	201	168	147	175
185	5 YR 8 / 4	183	146	124	154
186	5 YR 7 / 4	168	128	106	137
187	5 YR 6 / 4	147	101	76	111
188	5 YR 5 / 4	121	73	49	84
189	5 YR 4 / 4	92	42	27	55
190	5 YR 8 / 6	193	14	105	152
191	5 YR 7 / 6	179	123	86	135
192	5 YR 6 / 6	158	96	59	110
193	5 YR 5 / 6	131	63	30	79
194	5 YR 4 / 6	102	42	22	57
195	5 YR 8 / 8	202	137	85	150
196	5 YR 7 / 8	187	117	67	132
197	5 YR 6 / 8	164	89	36	105
198	5 YR 5 / 8	137	57	20	76
199	5 YR 7 / 10	192	113	45	128
200	5 YR 6 / 10	170	82	20	101
201	5 YR 7 / 12	197	113	45	128
202	5 YR 6 / 12	173	77	13	98
203	7.5 YR 9 / 2	192	172	157	176

续表

NO.	MUNSELL NOTATION	R	G	B	E
204	7.5 YR 8 / 2	166	148	134	151
205	7.5 YR 7 / 2	151	127	113	132
206	7.5 YR 6 / 2	127	103	89	108
207	7.5 YR 5 / 2	101	75	62	81
208	7.5 YR 4 / 2	77	47	37	54
209	7.5 YR 3 / 2	44	29	22	32
210	7.5 YR 9 / 4	199	168	136	173
211	7.5 YR 8 / 4	183	150	121	156
212	7.5 YR 7 / 4	161	124	94	131
213	7.5 YR 6 / 4	138	99	70	107
214	7.5 YR 5 / 4	115	69	41	79
215	7.5 YR 4 / 4	89	40	21	52
216	7.5 YR 8 / 6	188	143	98	151
217	7.5 YR 7 / 6	171	122	77	131
218	7.5 YR 6 / 6	150	96	46	106
219	7.5 YR 5 / 6	127	68	26	80
220	7.5 YR 4 / 6	99	43	16	56
221	7.5 YR 8 / 8	197	141	76	150
222	7.5 YR 7 / 8	179	119	53	129
223	7.5 YR 6 / 8	154	92	29	103
224	7.5 YR 5 / 8	133	64	17	79
225	7.5 YR 8 / 10	203	137	49	146
226	7.5 YR 7 / 10	185	117	32	127
227	7.5 YR 6 / 10	161	87	14	100
228	7.5 YR 7 / 12	188	113	10	123
229	10 YR 9 / 1	198	188	177	189

续表

NO.	MUNSELL NOTATION	R	G	B	E
230	10 YR 8 / 1	165	154	146	156
231	10 YR 7 / 1	144	132	122	134
232	10 YR 6 / 1	119	107	99	109
233	10 YR 5 / 1	93	82	74	84
234	10 YR 4 / 1	68	53	44	56
235	10 YR 3 / 1	40	33	29	34
236	10 YR 2.5 / 1	31	25	23	26
237	10 YR 9 / 2	206	189	168	191
238	10 YR 8 / 2	168	153	136	155
239	10 YR 7 / 2	147	129	111	132
240	10 YR 6 / 2	125	106	88	109
241	10 YR 5 / 2	105	82	63	86
242	10 YR 4 / 2	75	51	37	56
243	10 YR 3 / 2	48	33	26	36
244	10 YR 9 / 4	213	186	147	189
245	10 YR 8 / 4	175	147	113	151
246	10 YR 7 / 4	157	127	89	131
247	10 YR 6 / 4	137	103	64	108
248	10 YR 5 / 4	111	75	37	81
249	10 YR 4 / 4	87	49	26	57
250	10 YR 8 / 6	186	148	95	153
251	10 YR 7 / 6	164	125	68	130
252	10 YR 6 / 6	141	97	38	103
253	10 YR 5 / 6	119	71	21	79
254	10 YR 8 / 8	191	146	65	150
255	10 YR 7 / 8	168	121	40	125

续表

NO.	MUNSELL NOTATION	R	G	B	E
256	10 YR 6 / 8	145	93	19	100
257	10 YR 5 / 8	124	71	17	80
258	10 YR 8 / 10	193	142	39	145
259	10 YR 7 / 10	173	119	19	123
260	10 YR 6 / 10	150	94	7	100
261	10 YR 7 / 12	174	114	3	119
262	2.5 Y 9 / 2	181	171	148	171
263	2.5 Y 8.5 / 2	176	163	141	164
264	2.5 Y 8 / 2	160	150	127	150
265	2.5 Y 7 / 2	145	131	108	132
266	2.5 Y 6 / 2	121	108	85	109
267	2.5 Y 5 / 2	98	81	60	83
268	2.5 Y 4 / 2	68	50	32	53
269	2.5 Y 3 / 2	40	30	19	31
270	2.5 Y 9 / 4	194	175	131	175
271	2.5 Y 8.5 / 4	185	166	122	166
272	2.5 Y 8 / 4	170	151	107	151
273	2.5 Y 7 / 4	154	131	86	132
274	2.5 Y 6 / 4	130	106	58	107
275	2.5 Y 5 / 4	103	77	32	79
276	2.5 Y 4 / 4	75	51	25	55
277	2.5 Y 9 / 6	197	171	106	171
278	2.5 Y 8.5 / 6	190	163	96	163
279	2.5 Y 8 / 6	173	147	76	146
280	2.5 Y 7 / 6	159	128	59	129
281	2.5 Y 6 / 6	137	105	34	106

续表

NO.	MUNSELL NOTATION	R	G	B	E
282	2.5 Y 5 / 6	114	77	19	81
283	2.5 Y 8.5 / 8	195	162	71	161
284	2.5 Y 8 / 8	180	148	54	146
285	2.5 Y 7 / 8	165	129	29	128
286	2.5 Y 6 / 8	145	104	12	105
287	2.5 Y 8.5 / 10	197	163	43	159
288	2.5 Y 8 / 10	184	148	26	144
289	2.5 Y 7 / 10	165	126	11	124
290	2.5 Y 8 / 12	188	148	4	143
291	2.5 Y 7 / 12	168	124	1	123
292	5 Y 9 / 1	180	174	160	174
293	5 Y 8.5 / 1	170	162	148	162
294	5 Y 8 / 1	165	157	143	157
295	5 Y 7 / 1	140	134	122	134
296	5 Y 6 / 1	119	111	97	111
297	5 Y 5 / 1	94	86	72	86
298	5 Y 4 / 1	65	55	44	56
299	5 Y 3 / 1	41	35	31	36
300	5 Y 2.5 / 1	33	27	25	28
301	5 Y 9 / 2	186	178	153	177
302	5 Y 8.5 / 2	171	163	136	162
303	5 Y 8 / 2	165	157	132	156
304	5 Y 7 / 2	141	132	105	131
305	5 Y 6 / 2	121	112	85	111
306	5 Y 5 / 2	99	87	61	87
307	5 Y 4 / 2	68	53	34	55

续表

NO.	MUNSELL NOTATION	R	G	B	E
308	5 Y 3 / 2	42	33	22	34
309	5 Y 9 / 4	189	176	130	174
310	5 Y 8.5 / 4	174	162	112	159
311	5 Y 8 / 4	166	156	106	153
312	5 Y 7 / 4	145	131	82	129
313	5 Y 6 / 4	129	114	59	112
314	5 Y 5 / 4	105	87	35	86
315	5 Y 4 / 4	79	53	24	57
316	5 Y 9 / 6	189	173	100	169
317	5 Y 8.5 / 6	178	164	89	159
318	5 Y 8 / 6	174	158	84	154
319	5 Y 7 / 6	149	131	47	126
320	5 Y 6 / 6	133	110	30	107
321	5 Y 5 / 6	110	84	19	84
322	5 Y 9 / 8	189	172	78	166
323	5 Y 8.5 / 8	179	162	62	155
324	5 Y 8 / 8	174	157	55	150
325	5 Y 7 / 8	151	131	23	124
326	5 Y 6 / 8	133	107	8	103
327	5 Y 8.5 / 10	182	163	31	153
328	5 Y 8 / 10	177	157	23	147
329	5 Y 7 / 10	153	126	5	120
330	5 Y 8.5 / 12	184	162	12	151
331	5 Y 8 / 12	177	154	12	144
332	5 Y 7 / 12	153	127	0	120
333	7.5 Y 9 / 2	180	176	150	174

续表

NO.	MUNSELL NOTATION	R	G	B	E
334	7.5 Y 8.5 / 2	168	164	138	162
335	7.5 Y 8 / 2	162	156	130	154
336	7.5 Y 7 / 2	139	133	107	131
337	7.5 Y 6 / 2	116	110	82	108
338	7.5 Y 5 / 2	90	84	56	82
339	7.5 Y 4 / 2	60	51	30	51
340	7.5 Y 3 / 2	34	29	19	29
341	7.5 Y 9 / 4	183	179	130	174
342	7.5 Y 8.5 / 4	171	167	116	162
343	7.5 Y 8 / 4	163	155	104	151
344	7.5 Y 7 / 4	143	135	84	131
345	7.5 Y 6 / 4	118	110	59	106
346	7.5 Y 5 / 4	95	86	33	82
347	7.5 Y 4 / 4	67	55	19	54
348	7.5 Y 9 / 6	186	181	84	172
349	7.5 Y 8.5 / 6	175	169	95	162
350	7.5 Y 8 / 6	163	154	75	147
351	7.5 Y 7 / 6	142	132	46	125
352	7.5 Y 6 / 6	118	110	23	102
353	7.5 Y 5 / 6	96	84	14	79
354	7.5 Y 9 / 8	189	181	84	172
355	7.5 Y 8.5 / 8	177	170	68	160
356	7.5 Y 8 / 8	166	156	45	146
357	7.5 Y 7 / 8	149	136	20	126
358	7.5 Y 6 / 8	123	112	16	104
359	7.5 Y 9 / 10	191	182	53	169

续表

NO.	MUNSELL NOTATION	R	G	B	E
360	7.5 Y 8.5 / 10	182	172	37	159
361	7.5 Y 8 / 10	166	155	15	142
362	7.5 Y 7 / 10	150	141	10	128
363	7.5 Y 8.5 / 12	179	169	6	153
364	7.5 Y 8 / 12	168	155	0	141
365	10 Y 9 / 1	181	177	164	176
366	10 Y 8.5 / 1	172	168	155	167
367	10 Y 8 / 1	159	155	142	154
368	10 Y 7 / 1	135	133	120	132
369	10 Y 6 / 1	113	109	96	108
370	10 Y 5 / 1	87	83	70	82
371	10 Y 4 / 1	56	54	43	53
372	10 Y 3 / 1	34	31	26	31
373	10 Y 2.5 / 1	24	24	22	23
374	10 Y 9 / 2	180	178	151	175
375	10 Y 8.5 / 2	172	170	144	167
376	10 Y 8 / 2	159	155	129	153
377	10 Y 7 / 2	137	135	109	132
378	10 Y 6 / 2	114	112	86	109
379	10 Y 5 / 2	88	84	58	82
380	10 Y 4 / 2	59	56	35	54
381	10 Y 3 / 2	34	34	22	32
382	10 Y 9 / 4	182	180	130	174
383	10 Y 8.5 / 4	177	175	123	169
384	10 Y 8 / 4	161	157	106	152
385	10 Y 7 / 4	139	136	83	130

续表

NO.	MUNSELL NOTATION	R	G	B	E
386	10 Y 6 / 4	117	114	57	108
387	10 Y 5 / 4	89	86	33	80
388	10 Y 4 / 4	62	57	23	54
389	10 Y 9 / 6	182	182	108	173
390	10 Y 8.5 / 6	177	179	102	169
391	10 Y 8 / 6	160	157	76	148
392	10 Y 7 / 6	138	136	50	126
393	10 Y 6 / 6	114	112	25	102
394	10 Y 5 / 6	83	82	14	74
395	10 Y 9 / 8	184	184	82	172
396	10 Y 8.5 / 8	175	178	77	165
397	10 Y 8 / 8	159	164	57	150
398	10 Y 7 / 8	139	137	22	124
399	10 Y 6 / 8	115	111	8	100
400	10 Y 9 / 10	183	184	52	168
401	10 Y 8.5 / 10	172	174	35	157
402	10 Y 8 / 10	163	163	27	147
403	10 Y 7 / 10	137	139	18	124
404	10 Y 8 / 12	154	156	0	137
405	2.5 GY 9 / 2	178	181	152	176
406	2.5 GY 8.5 / 2	167	168	140	164
407	2.5 GY 8 / 2	153	157	128	152
408	2.5 GY 7 / 2	133	137	109	132
409	2.5 GY 6 / 2	108	112	86	107
410	2.5 GY 5 / 2	77	81	55	76
411	2.5 GY 4 / 2	53	55	38	52

续表

NO.	MUNSELL NOTATION	R	G	B	E
412	2.5 GY 3 / 2	30	34	24	31
413	2.5 GY 9 / 4	174	180	128	172
414	2.5 GY 8.5 / 4	165	172	124	164
415	2.5 GY 8 / 4	155	161	111	153
416	2.5 GY 7 / 4	132	140	87	131
417	2.5 GY 6 / 4	107	119	69	109
418	2.5 GY 5 / 4	77	83	31	75
419	2.5 GY 4 / 4	49	57	19	50
420	2.5 GY 9 / 6	172	181	110	170
421	2.5 GY 8.5 / 6	162	173	101	161
422	2.5 GY 8 / 6	154	165	93	153
423	2.5 GY 7 / 6	131	144	63	130
424	2.5 GY 6 / 6	107	120	39	106
425	2.5 GY 5 / 6	74	83	14	72
426	2.5 GY 9 / 8	172	185	91	170
427	2.5 GY 8.5 / 8	160	175	72	158
428	2.5 GY 8 / 8	149	164	67	148
429	2.5 GY 7 / 8	127	143	33	125
430	2.5 GY 6 / 8	102	117	12	100
431	2.5 GY 8.5 / 10	161	176	45	156
432	2.5 GY 8 / 10	145	161	22	140
433	2.5 GY 7 / 10	125	143	19	123
434	5 GY 9 / 1	177	181	171	178
435	5 GY 8.5 / 1	168	168	168	154
436	5 GY 8 / 1	166	156	158	143
437	5 GY 7 / 1	155	132	134	119

续表

NO.	MUNSELL NOTATION	R	G	B	E
438	5 GY 6 / 1	131	108	110	97
439	5 GY 5 / 1	107	85	86	76
440	5 GY 4 / 1	84	57	58	48
441	5 GY 3 / 1	56	30	33	28
442	5 GY 2.5 / 1	31	26	26	24
443	5 GY 9 / 2	178	185	165	180
444	5 GY 8.5 / 2	166	172	148	167
445	5 GY 8 / 2	155	161	135	156
446	5 GY 7 / 2	132	136	110	131
447	5 GY 6 / 2	105	113	86	107
448	5 GY 5 / 2	84	90	66	85
449	5 GY 4 / 2	52	59	39	54
450	5 GY 3 / 2	32	37	27	34
451	5 GY 9 / 4	173	188	145	178
452	5 GY 8.5 / 4	162	177	132	167
453	5 GY 8 / 4	152	166	118	156
454	5 GY 7 / 4	124	140	92	129
455	5 GY 6 / 4	100	116	65	105
456	5 GY 5 / 4	72	88	39	77
457	5 GY 4 / 4	47	65	27	55
458	5 GY 9 / 6	168	189	122	175
459	5 GY 8.5 / 6	157	181	115	166
460	5 GY 8 / 6	146	168	97	153
461	5 GY 7 / 6	115	143	73	126
462	5 GY 6 / 6	93	117	35	100
463	5 GY 5 / 6	62	94	23	76

续表

NO.	MUNSELL NOTATION	R	G	B	E
464	5 GY 8.5 / 8	153	184	92	164
465	5 GY 8 / 8	138	170	73	149
466	5 GY 7 / 8	108	144	48	122
467	5 GY 6 / 8	79	116	14	93
468	5 GY 5 / 8	58	93	15	73
469	5 GY 8.5 / 10	146	183	66	158
470	5 GY 8 / 10	134	173	45	146
471	7.5 GY 9 / 2	169	185	163	177
472	7.5 GY 8.5 / 2	156	172	150	164
473	7.5 GY 8 / 2	147	162	143	155
474	7.5 GY 7 / 2	128	141	123	135
475	7.5 GY 6 / 2	100	117	97	109
476	7.5 GY 5 / 2	72	87	68	80
477	7.5 GY 4 / 2	45	60	45	53
478	7.5 GY 3 / 2	24	33	26	29
479	7.5 GY 9 / 4	160	190	153	176
480	7.5 GY 8.5 / 4	147	177	137	163
481	7.5 GY 8 / 4	136	168	131	154
482	7.5 GY 7 / 4	119	149	112	135
483	7.5 GY 6 / 4	87	121	82	106
484	7.5 GY 5 / 4	59	94	52	78
485	7.5 GY 4 / 4	34	66	33	52
486	7.5 GY 8.5 / 6	135	181	122	160
487	7.5 GY 8 / 6	123	172	118	151
488	7.5 GY 7 / 6	106	152	94	131
489	7.5 GY 6 / 6	69	125	64	101

续表

NO.	MUNSELL NOTATION	R	G	B	E
490	7.5 GY 5 / 6	37	98	35	72
491	7.5 GY 8 / 8	111	175	101	147
492	7.5 GY 7 / 8	88	155	72	125
493	7.5 GY 6 / 8	50	129	49	96
494	7.5 GY 5 / 8	27	100	23	69
495	7.5 GY 7 / 10	74	157	55	120
496	7.5 GY 6 / 10	46	132	37	95
497	10 GY 9 / 1	176	184	173	180
498	10 GY 8.5 / 1	167	177	165	172
499	10 GY 8 / 1	159	167	156	163
500	10 GY 7 / 1	133	141	132	137
501	10 GY 6 / 1	105	117	109	112
502	10 GY 5 / 1	82	94	86	89
503	10 GY 4 / 1	50	61	56	57
504	10 GY 3 / 1	33	37	36	35
505	10 GY 2.5 / 1	24	28	28	26
506	10 GY 9 / 2	166	187	170	178
507	10 GY 8.5 / 2	160	179	161	171
508	10 GY 8 / 2	146	165	149	157
509	10 GY 7 / 2	123	146	132	137
510	10 GY 6 / 2	100	121	104	112
511	10 GY 5 / 2	76	99	83	90
512	10 GY 4 / 2	40	63	49	54
513	10 GY 3 / 2	27	38	33	34
514	10 GY 2.5 / 2	23	32	27	28
515	10 GY 9 / 4	154	191	159	176

续表

NO.	MUNSELL NOTATION	R	G	B	E
516	10 GY 8.5 / 4	142	181	150	165
517	10 GY 8 / 4	135	174	143	158
518	10 GY 7 / 4	105	146	115	130
519	10 GY 6 / 4	82	128	96	110
520	10 GY 5 / 4	54	103	70	84
521	10 GY 4 / 4	28	70	42	54
522	10 GY 8.5 / 6	126	187	140	163
523	10 GY 8 / 6	110	173	130	149
524	10 GY 7 / 6	89	154	108	129
525	10 GY 6 / 6	60	131	83	104
526	10 GY 5 / 6	30	108	60	79
527	10 GY 7 / 8	60	158	97	121
528	10 GY 6 / 8	29	133	70	94
529	10 GY 5 / 8	9	111	49	73
530	10 GY 7 / 10	31	163	91	115
531	10 GY 6 / 10	6	135	56	87
532	2.5 G 9 / 2	159	185	170	175
533	2.5 G 8 / 2	138	162	148	153
534	2.5 G 7 / 2	117	142	132	133
535	2.5 G 6 / 2	94	119	109	110
536	2.5 G 5 / 2	63	91	78	81
537	2.5 G 4 / 2	35	59	49	50
538	2.5 G 3 / 2	23	36	32	31
539	2.5 G 2.5 / 2	16	27	24	23
540	2.5 G 8 / 4	113	167	145	148
541	2.5 G 7 / 4	96	147	126	129

续表

NO.	MUNSELL NOTATION	R	G	B	E
542	2.5 G 6 / 4	61	125	104	103
543	2.5 G 5 / 4	40	96	73	76
544	2.5 G 4 / 4	18	67	49	50
545	2.5 G 3 / 4	10	44	31	32
546	2.5 G 8 / 6	90	171	142	143
547	2.5 G 7 / 6	67	154	125	124
548	2.5 G 6 / 6	32	130	101	97
549	2.5 G 5 / 6	16	104	75	74
550	2.5 G 4 / 6	3	73	48	49
551	2.5 G 7 / 8	27	159	123	115
552	2.5 G 6 / 8	4	134	94	90
553	2.5 G 5 / 8	0	111	71	73
554	2.5 G 7 / 10	0	161	113	107
555	2.5 G 6 / 10	0	138	91	91
556	2.5 G 5 / 10	0	114	62	73
557	2.5 G 6 / 12	0	140	89	92
558	5 G 9 / 1	171	183	175	178
559	5 G 8 / 1	149	160	155	156
560	5 G 7 / 1	130	141	136	137
561	5 G 6 / 1	104	117	113	112
562	5 G 5 / 1	79	92	88	87
563	5 G 4 / 1	47	60	56	56
564	5 G 3 / 1	26	34	33	31
565	5 G 2.5 / 1	25	29	29	27
566	5 G 9 / 2	159	187	176	177
567	5 G 8 / 2	134	162	153	152

续表

NO.	MUNSELL NOTATION	R	G	B	E
568	5 G 7 / 2	122	146	136	137
569	5 G 6 / 2	90	118	109	108
570	5 G 5 / 2	67	94	87	85
571	5 G 4 / 2	37	62	55	53
572	5 G 3 / 2	24	41	37	35
573	5 G 2.5 / 2	17	29	27	25
574	5 G 8 / 4	114	169	152	160
575	5 G 7 / 4	94	150	135	131
576	5 G 6 / 4	61	127	111	105
577	5 G 5 / 4	36	102	86	80
578	5 G 4 / 4	17	72	54	53
579	5 G 3 / 4	18	47	39	37
580	5 G 8 / 6	80	176	153	144
581	5 G 7 / 6	49	156	136	121
582	5 G 6 / 6	21	132	111	96
583	5 G 5 / 6	9	107	82	74
584	5 G 4 / 6	0	79	55	52
585	5 G 7 / 8	13	163	140	115
586	5 G 6 / 8	0	136	109	92
587	5 G 5 / 8	6	112	80	74
588	5 G 4 / 8	0	81	55	53
589	5 G 7 / 10	0	161	136	110
590	5 G 6 / 10	0	140	110	94
591	7.5 G 9 / 2	155	184	175	174
592	7.5 G 8 / 2	137	166	158	156
593	7.5 G 7 / 2	112	141	133	131

续表

NO.	MUNSELL NOTATION	R	G	B	E
594	7.5 G 6 / 2	90	122	115	111
595	7.5 G 5 / 2	69	94	87	85
596	7.5 G 4 / 2	36	63	58	54
597	7.5 G 3 / 2	20	37	33	31
598	7.5 G 2.5 / 2	16	30	29	25
599	7.5 G 8 / 4	109	172	159	151
600	7.5 G 7 / 4	86	150	137	129
601	7.5 G 6 / 4	51	126	117	102
602	7.5 G 5 / 4	36	98	87	78
603	7.5 G 4 / 4	12	70	57	51
604	7.5 G 3 / 4	11	44	39	33
605	7.5 G 8 / 6	70	175	157	141
606	7.5 G 7 / 6	44	154	139	119
607	7.5 G 6 / 6	17	133	118	96
608	7.5 G 5 / 6	6	106	90	74
609	7.5 G 4 / 6	0	80	61	53
610	7.5 G 7 / 8	0	160	141	109
611	7.5 G 6 / 8	0	138	121	94
612	7.5 G 5 / 8	0	116	97	79
613	7.5 G 4 / 8	0	89	70	60
614	7.5 G 7 / 10	0	162	145	111
615	7.5 G 6 / 10	0	143	125	98
616	10 G 9 / 1	170	183	179	178
617	10 G 8 / 1	152	165	161	160
618	10 G 7 / 1	127	139	137	135
619	10 G 6 / 1	105	119	116	114

续表

NO.	MUNSELL NOTATION	R	G	B	E
620	10 G 5 / 1	77	91	90	86
621	10 G 4 / 1	48	62	61	57
622	10 G 3 / 1	28	36	37	33
623	10 G 2.5 / 1	23	31	30	28
624	10 G 9 / 2	157	186	178	176
625	10 G 8 / 2	140	169	163	159
626	10 G 7 / 2	111	143	136	132
627	10 G 6 / 2	88	122	119	111
628	10 G 5 / 2	59	92	87	81
629	10 G 4 / 2	35	64	58	54
630	10 G 3 / 2	22	39	37	33
631	10 G 2.5 / 2	19	33	32	28
632	10 G 8 / 4	109	171	162	151
633	10 G 7 / 4	85	149	139	128
634	10 G 6 / 4	51	129	120	104
635	10 G 5 / 4	32	101	94	79
636	10 G 4 / 4	11	75	65	54
637	10 G 3 / 4	5	46	41	33
638	10 G 7 / 6	42	156	145	120
639	10 G 6 / 6	14	133	125	96
640	10 G 5 / 6	0	108	98	74
641	10 G 4 / 6	0	82	71	56
642	10 G 7 / 8	0	161	152	111
643	10 G 6 / 8	0	140	129	96
644	10 G 5 / 8	0	114	102	78
645	10 G 4 / 8	0	87	75	59

续表

NO.	MUNSELL NOTATION	R	G	B	E
646	10 G 6 / 10	0	143	133	99
647	2.5 BG 9 / 2	154	187	180	176
648	2.5 BG 8 / 2	135	166	162	156
649	2.5 BG 7 / 2	111	142	140	132
650	2.5 BG 6 / 2	86	118	117	108
651	2.5 BG 5 / 2	60	94	92	83
652	2.5 BG 4 / 2	32	63	61	53
653	2.5 BG 3 / 2	17	35	35	29
654	2.5 BG 2.5 / 2	16	28	30	24
655	2.5 BG 8 / 4	110	175	169	154
656	2.5 BG 7 / 4	83	152	146	130
657	2.5 BG 6 / 4	45	128	124	102
658	2.5 BG 5 / 4	27	101	98	78
659	2.5 BG 4 / 4	10	74	70	54
660	2.5 BG 3 / 4	6	48	46	35
661	2.5 BG 7 / 6	37	155	151	119
662	2.5 BG 6 / 6	10	135	128	96
663	2.5 BG 5 / 6	0	109	106	76
664	2.5 BG 4 / 6	0	82	77	56
665	2.5 BG 3 / 6	0	54	53	37
666	2.5 BG 7 / 8	0	162	158	113
667	2.5 BG 6 / 8	0	138	136	96
668	2.5 BG 5 / 8	0	118	114	82
669	2.5 BG 4 / 8	0	88	83	61
670	2.5 BG 6 / 10	0	144	141	100
671	5 BG 9 / 1	168	180	178	176

续表

NO.	MUNSELL NOTATION	R	G	B	E
672	5 BG 8 / 1	149	163	160	158
673	5 BG 7 / 1	129	141	141	137
674	5 BG 6 / 1	105	119	118	114
675	5 BG 5 / 1	77	93	94	88
676	5 BG 4 / 1	51	64	66	60
677	5 BG 3 / 1	23	35	37	31
678	5 BG 2.5 / 1	20	28	29	25
679	5 BG 9 / 2	158	185	182	176
680	5 BG 8 / 2	137	165	164	156
681	5 BG 7 / 2	114	145	143	135
682	5 BG 6 / 2	88	120	119	110
683	5 BG 5 / 2	63	97	97	86
684	5 BG 4 / 2	39	71	74	61
685	5 BG 3 / 2	21	41	43	35
686	5 BG 2.5 / 2	19	30	35	27
687	5 BG 8 / 4	109	172	167	152
688	5 BG 7 / 4	83	154	152	153
689	5 BG 6 / 4	53	131	131	107
690	5 BG 5 / 4	29	105	107	82
691	5 BG 4 / 4	15	75	77	57
692	5 BG 3 / 4	5	45	48	33
693	5 BG 7 / 6	36	158	159	121
694	5 BG 6 / 6	6	136	140	97
695	5 BG 5 / 6	0	110	114	77
696	5 BG 4 / 6	0	87	91	61
697	5 BG 7 / 8	0	162	168	114

续表

NO.	MUNSELL NOTATION	R	G	B	E
698	5 BG 6 / 8	0	139	147	98
699	5 BG 5 / 8	0	116	122	82
700	5 BG 4 / 8	0	91	99	64
701	7.5 BG 9 / 2	156	187	185	177
702	7.5 BG 8 / 2	138	166	166	157
703	7.5 BG 7 / 2	110	142	141	132
704	7.5 BG 6 / 2	89	116	119	108
705	7.5 BG 5 / 2	59	95	99	84
706	7.5 BG 4 / 2	31	61	65	52
707	7.5 BG 3 / 2	19	36	40	31
708	7.5 BG 2.5 / 2	13	30	34	25
709	7.5 BG 8 / 4	107	173	173	153
710	7.5 BG 7 / 4	75	147	149	125
711	7.5 BG 6 / 4	43	126	132	101
712	7.5 BG 5 / 4	28	100	108	79
713	7.5 BG 4 / 4	12	74	83	56
714	7.5 BG 3 / 4	7	46	55	35
715	7.5 BG 7 / 6	33	154	161	118
716	7.5 BG 6 / 6	6	132	142	95
717	7.5 BG 5 / 6	0	109	119	77
718	7.5 BG 4 / 6	0	82	99	59
719	7.5 BG 7 / 8	0	157	170	111
720	7.5 BG 6 / 8	0	141	155	100
721	7.5 BG 5 / 8	0	113	128	80
722	7.5 BG 4 / 8	0	89	101	63
723	10 BG 9 / 1	168	179	177	175

续表

NO.	MUNSELL NOTATION	R	G	B	E
724	10 BG 8 / 1	148	158	159	155
725	10 BG 7 / 1	126	138	138	134
726	10 BG 6 / 1	103	115	117	111
727	10 BG 5 / 1	76	89	91	85
728	10 BG 4 / 1	47	60	65	56
729	10 BG 3 / 1	26	33	37	31
730	10 BG 2.5 / 1	21	28	32	26
731	10 BG 9 / 2	159	183	181	175
732	10 BG 8 / 2	136	162	163	154
733	10 BG 7 / 2	116	143	146	135
734	10 BG 6 / 2	87	119	122	109
735	10 BG 5 / 2	62	93	99	84
736	10 BG 4 / 2	35	68	74	58
737	10 BG 3 / 2	15	35	40	29
738	10 BG 2.5 / 2	18	33	38	29
739	10 BG 8 / 4	109	170	176	152
740	10 BG 7 / 4	84	149	155	130
741	10 BG 6 / 4	51	126	135	104
742	10 BG 5 / 4	27	101	112	80
743	10 BG 4 / 4	9	73	86	55
744	10 BG 3 / 4	5	44	55	33
745	10 BG 7 / 6	34	154	167	119
746	10 BG 6 / 6	11	132	147	97
747	10 BG 5 / 6	0	106	121	76
748	10 BG 4 / 6	0	84	100	60
749	10 BG 7 / 8	5	160	178	115

续表

NO.	MUNSELL NOTATION	R	G	B	E
750	10 BG 6 / 8	0	137	159	98
751	10 BG 5 / 8	0	115	137	83
752	10 BG 4 / 8	0	87	106	63
753	2.5 B 9 / 2	159	183	183	175
754	2.5 B 8 / 2	138	164	167	156
755	2.5 B 7 / 2	116	143	148	135
756	2.5 B 6 / 2	90	117	124	109
757	2.5 B 5 / 2	60	91	98	82
758	2.5 B 4 / 2	32	62	72	54
759	2.5 B 3 / 2	22	39	47	34
760	2.5 B 2.5 / 2	17	30	35	26
761	2.5 B 8 / 4	111	174	180	155
762	2.5 B 7 / 4	81	147	157	128
763	2.5 B 6 / 4	55	127	138	106
764	2.5 B 5 / 4	28	98	112	78
765	2.5 B 4 / 4	11	69	85	53
766	2.5 B 3 / 4	8	44	58	34
767	2.5 B 7 / 6	45	156	174	124
768	2.5 B 6 / 6	12	132	152	98
769	2.5 B 5 / 6	0	107	128	77
770	2.5 B 4 / 6	0	78	101	57
771	2.5 B 7 / 8	14	158	181	117
772	2.5 B 6 / 8	0	138	166	99
773	2.5 B 5 / 8	0	115	144	83
774	2.5 B 4 / 8	0	85	113	62
775	5 B 9 / 1	172	182	183	179

续表

NO.	MUNSELL NOTATION	R	G	B	E
776	5 B 8 / 1	150	158	159	155
777	5 B 7 / 1	129	136	140	134
778	5 B 6 / 1	106	117	122	114
779	5 B 5 / 1	74	84	89	81
780	5 B 4 / 1	47	58	63	55
781	5 B 3 / 1	26	33	39	31
782	5 B 2.5 / 1	21	27	31	25
783	5 B 9 / 2	166	186	188	180
784	5 B 8 / 2	141	161	164	155
785	5 B 7 / 2	119	139	144	133
786	5 B 6 / 2	93	118	126	111
787	5 B 5 / 2	62	89	96	81
788	5 B 4 / 2	35	61	70	54
789	5 B 3 / 2	18	39	48	33
790	5 B 2.5 / 2	18	31	36	27
791	5 B 8 / 4	117	168	177	153
792	5 B 7 / 4	90	146	159	130
793	5 B 6 / 4	67	127	141	110
794	5 B 5 / 4	32	96	112	78
795	5 B 4 / 4	14	71	90	56
796	5 B 3 / 4	11	46	64	37
797	5 B 7 / 6	51	151	173	123
798	5 B 6 / 6	26	134	159	104
799	5 B 5 / 6	4	100	128	74
800	5 B 4 / 6	0	79	104	58
801	5 B 3 / 6	2	49	77	38

续表

NO.	MUNSELL NOTATION	R	G	B	E
802	5 B 7 / 8	14	156	182	116
803	5 B 6 / 8	0	136	172	99
804	5 B 5 / 8	0	107	140	78
805	5 B 4 / 8	0	82	116	61
806	7.5 B 9 / 2	167	183	186	178
807	7.5 B 8 / 2	149	164	169	160
808	7.5 B 7 / 2	121	141	146	135
809	7.5 B 6 / 2	99	120	129	114
810	7.5 B 5 / 2	62	91	99	83
811	7.5 B 4 / 2	36	60	72	54
812	7.5 B 3 / 2	19	38	48	33
813	7.5 B 2.5 / 2	16	27	35	24
814	7.5 B 8 / 4	125	171	183	158
815	7.5 B 7 / 4	97	147	162	133
816	7.5 B 6 / 4	75	126	143	112
817	7.5 B 5 / 4	43	98	117	83
818	7.5 B 4 / 4	19	69	90	56
819	7.5 B 3 / 4	11	41	61	34
820	7.5 B 7 / 6	63	153	176	128
821	7.5 B 6 / 6	36	132	160	106
822	7.5 B 5 / 6	14	101	132	78
823	7.5 B 4 / 6	0	71	103	53
824	7.5 B 3 / 6	0	48	77	36
825	7.5 B 7 / 8	24	155	189	119
826	7.5 B 6 / 8	6	138	175	102
827	7.5 B 5 / 8	0	107	145	79

续表

NO.	MUNSELL NOTATION	R	G	B	E
828	7.5 B 4 / 8	0	81	123	61
829	7.5 B 6 / 10	0	139	182	102
830	7.5 B 5 / 10	0	110	153	82
831	10 B 9 / 1	181	184	187	183
832	10 B 8 / 1	160	166	170	164
833	10 B 7 / 1	133	139	143	137
834	10 B 6 / 1	107	114	120	112
835	10 B 5 / 1	83	90	96	88
836	10 B 4 / 1	55	62	69	60
837	10 B 3 / 1	29	34	41	33
838	10 B 2.5 / 1	22	25	30	24
839	10 B 9 / 2	174	185	190	182
840	10 B 8 / 2	156	167	173	164
841	10 B 7 / 2	130	142	150	139
842	10 B 6 / 2	109	119	130	115
843	10 B 5 / 2	76	92	104	88
844	10 B 4 / 2	43	63	78	58
845	10 B 3 / 2	23	37	49	34
846	10 B 2.5 / 2	18	27	36	25
847	10 B 8 / 4	136	171	187	162
848	10 B 7 / 4	110	148	165	138
849	10 B 6 / 4	85	122	142	113
850	10 B 5 / 4	53	95	119	85
851	10 B 4 / 4	28	71	99	61
852	10 B 3 / 4	14	42	65	36
853	10 B 2.5 / 4	16	30	43	27

续表

NO.	MUNSELL NOTATION	R	G	B	E
854	10 B 7 / 6	88	152	178	135
855	10 B 6 / 6	56	129	158	110
856	10 B 5 / 6	26	101	134	82
857	10 B 4 / 6	13	79	117	63
858	10 B 3 / 6	7	45	80	37
859	10 B 7 / 8	54	156	193	129
860	10 B 6 / 8	25	130	171	103
861	10 B 5 / 8	6	107	151	81
862	10 B 4 / 8	0	83	129	63
863	10 B 6 / 10	0	134	185	99
864	10 B 5 / 10	0	112	165	84
865	2.5 PB 9 / 2	169	179	182	176
866	2.5 PB 8 / 2	145	154	161	152
867	2.5 PB 7 / 2	125	134	141	132
868	2.5 PB 6 / 2	100	112	124	109
869	2.5 PB 5 / 2	70	84	97	81
870	2.5 PB 4 / 2	43	57	72	54
871	2.5 PB 3 / 2	25	35	48	33
872	2.5 PB 2.5 / 2	20	30	43	28
873	2.5 PB 8 / 4	137	161	177	155
874	2.5 PB 7 / 4	113	138	156	132
875	2.5 PB 6 / 4	90	119	139	112
876	2.5 PB 5 / 4	56	90	114	82
877	2.5 PB 4 / 4	30	61	91	55
878	2.5 PB 3 / 4	18	40	65	36
879	2.5 PB 2.5 / 4	13	30	51	27

续表

NO.	MUNSELL NOTATION	R	G	B	E
880	2.5 PB 8 / 6	127	166	187	156
881	2.5 PB 7 / 6	100	143	171	133
882	2.5 PB 6 / 6	73	118	151	108
883	2.5 PB 5 / 6	39	95	132	82
884	2.5 PB 4 / 6	21	67	105	57
885	2.5 PB 3 / 6	10	42	79	36
886	2.5 PB 7 / 8	82	146	185	131
887	2.5 PB 6 / 8	54	123	166	107
888	2.5 PB 5 / 8	21	97	143	79
889	2.5 PB 4 / 8	6	68	119	55
890	2.5 PB 6 / 10	32	124	175	102
891	2.5 PB 5 / 10	5	102	159	79
892	2.5 PB 4 / 10	0	76	135	60
893	5 PB 9 / 1	173	172	174	172
894	5 PB 8 / 1	156	155	159	155
895	5 PB 7 / 1	136	135	139	135
896	5 PB 6 / 1	109	110	118	110
897	5 PB 5 / 1	88	89	97	89
898	5 PB 4 / 1	53	53	63	54
899	5 PB 3 / 1	30	33	40	32
900	5 PB 2.5 / 1	23	24	32	24
901	5 PB 9 / 2	173	174	180	174
902	5 PB 8 / 2	155	158	165	157
903	5 PB 7 / 2	133	138	146	137
904	5 PB 6 / 2	104	110	120	109
905	5 PB 5 / 2	84	90	102	89

NO.	MUNSELL NOTATION	R	G	B	E
906	5 PB 4 / 2	50	59	76	58
907	5 PB 3 / 2	26	34	48	33
908	5 PB 2.5 / 2	21	26	36	25
909	5 PB 8 / 4	148	163	178	160
910	5 PB 7 / 4	124	139	158	136
911	5 PB 6 / 4	97	114	136	111
912	5 PB 5 / 4	72	92	117	88
913	5 PB 4 / 4	42	63	94	60
914	5 PB 3 / 4	20	36	65	34
915	5 PB 2.5 / 4	20	30	54	29
916	5 PB 8 / 6	135	162	185	156
917	5 PB 7 / 6	113	142	170	136
918	5 PB 6 / 6	89	117	150	112
919	5 PB 5 / 6	60	94	133	88
920	5 PB 4 / 6	33	63	103	58
921	5 PB 3 / 6	15	40	82	37
922	5 PB 7 / 8	99	141	179	132
923	5 PB 6 / 8	73	118	161	109
924	5 PB 5 / 8	43	96	144	85
925	5 PB 4 / 8	21	66	121	58
926	5 PB 3 / 8	4	38	88	33
927	5 PB 6 / 10	50	122	172	106
928	5 PB 5 / 10	28	99	159	84
929	5 PB 4 / 10	15	67	131	58
930	5 PB 5 / 12	23	99	160	83
931	5 PB 4 / 12	3	68	136	56

续表

NO.	MUNSELL NOTATION	R	G	B	E
932	7.5 PB 9 / 2	177	178	184	178
933	7.5 PB 8 / 2	154	155	161	155
934	7.5 PB 7 / 2	135	135	145	136
935	7.5 PB 6 / 2	115	112	125	114
936	7.5 PB 5 / 2	78	80	93	80
937	7.5 PB 4 / 2	51	52	69	53
938	7.5 PB 3 / 2	31	31	45	32
939	7.5 PB 2.5 / 2	23	23	35	24
940	7.5 PB 8 / 4	154	158	174	158
941	7.5 PB 7 / 4	133	138	158	138
942	7.5 PB 6 / 4	114	117	140	118
943	7.5 PB 5 / 4	78	82	107	83
944	7.5 PB 4 / 4	47	53	83	54
945	7.5 PB 3 / 4	27	31	57	32
946	7.5 PB 2.5 / 4	19	23	46	24
947	7.5 PB 8 / 6	154	161	183	161
948	7.5 PB 7 / 6	131	138	170	139
949	7.5 PB 6 / 6	104	115	149	115
950	7.5 PB 5 / 6	74	81	121	83
951	7.5 PB 4 / 6	48	53	97	56
952	7.5 PB 3 / 6	25	30	72	33
953	7.5 PB 2.5 / 6	22	23	55	26
954	7.5 PB 7 / 8	123	137	175	137
955	7.5 PB 6 / 8	108	117	162	119
956	7.5 PB 5 / 8	69	81	131	83
957	7.5 PB 4 / 8	42	53	110	56

续表

NO.	MUNSELL NOTATION	R	G	B	E
958	7.5 PB 3 / 8	24	31	87	35
959	7.5 PB 6 / 10	100	115	166	116
960	7.5 PB 5 / 10	65	81	142	83
961	7.5 PB 4 / 10	37	52	119	55
962	7.5 PB 3 / 10	20	32	94	35
963	7.5 PB 5 / 12	63	84	143	84
964	7.5 PB 4 / 12	39	56	124	58
965	10 PB 9 / 1	181	178	181	179
966	10 PB 8 / 1	161	157	160	158
967	10 PB 7 / 1	136	131	137	133
968	10 PB 6 / 1	114	109	117	111
969	10 PB 5 / 1	87	82	90	84
970	10 PB 4 / 1	58	53	63	55
971	10 PB 3 / 1	35	33	42	34
972	10 PB 2.5 / 1	24	22	29	23
973	10 PB 9 / 2	182	177	183	179
974	10 PB 8 / 2	161	156	162	158
975	10 PB 7 / 2	134	132	141	133
976	10 PB 6 / 2	115	111	124	113
977	10 PB 5 / 2	90	85	101	88
978	10 PB 4 / 2	59	52	71	56
979	10 PB 3 / 2	36	33	48	35
980	10 PB 2.5 / 2	29	23	37	26
981	10 PB 8 / 4	161	156	174	159
982	10 PB 7 / 4	138	134	155	137
983	10 PB 6 / 4	117	111	135	115

续表

NO.	MUNSELL NOTATION	R	G	B	E
984	10 PB 5 / 4	91	84	113	89
985	10 PB 4 / 4	63	54	89	60
986	10 PB 3 / 4	39	31	60	36
987	10 PB 2.5 / 4	29	23	47	27
988	10 PB 7 / 6	138	133	162	137
989	10 PB 6 / 6	120	112	149	118
990	10 PB 5 / 6	93	82	126	90
991	10 PB 4 / 6	67	51	99	61
992	10 PB 3 / 6	39	28	72	36
993	10 PB 2.5 / 6	31	20	51	26
994	10 PB 7 / 8	140	134	170	139
995	10 PB 6 / 8	119	109	156	117
996	10 PB 5 / 8	96	83	138	93
997	10 PB 4 / 8	67	49	109	61
998	10 PB 3 / 8	39	27	79	36
999	10 PB 6 / 10	123	111	163	120
1000	10 PB 5 / 10	99	81	145	93
1001	10 PB 4 / 10	64	45	115	58
1002	2.5 P 9 / 2	180	175	181	177
1003	2.5 P 8 / 2	161	156	164	158
1004	2.5 P 7 / 2	140	135	145	137
1005	2.5 P 6 / 2	115	109	123	112
1006	2.5 P 5 / 2	91	82	99	86
1007	2.5 P 4 / 2	60	51	70	55
1008	2.5 P 3 / 2	34	28	40	31
1009	2.5 P 2.5 / 2	25	20	30	22

续表

NO.	MUNSELL NOTATION	R	G	B	E
1010	2.5 P 8 / 4	163	154	171	158
1011	2.5 P 7 / 4	144	133	154	138
1012	2.5 P 6 / 4	118	106	130	112
1013	2.5 P 5 / 4	91	79	107	85
1014	2.5 P 4 / 4	66	48	84	57
1015	2.5 P 3 / 4	39	27	53	33
1016	2.5 P 2.5 / 4	32	21	42	26
1017	2.5 P 7 / 6	152	134	168	143
1018	2.5 P 6 / 6	122	106	141	114
1019	2.5 P 5 / 6	94	73	116	84
1020	2.5 P 4 / 6	72	48	96	60
1021	2.5 P 3 / 6	43	25	63	34
1022	2.5 P 7 / 8	152	132	173	142
1023	2.5 P 6 / 8	128	104	152	116
1024	2.5 P 5 / 8	105	75	131	90
1025	2.5 P 4 / 8	77	44	103	60
1026	2.5 P 3 / 8	48	23	66	35
1027	2.5 P 6 / 10	131	102	155	116
1028	2.5 P 5 / 10	106	71	139	89
1029	2.5 P 4 / 10	87	44	119	65
1030	5 P 9 / 1	177	173	175	174
1031	5 P 8 / 1	163	156	160	158
1032	5 P 7 / 1	136	129	135	131
1033	5 P 6 / 1	115	107	116	110
1034	5 P 5 / 1	85	77	86	80
1035	5 P 4 / 1	56	46	58	50

续表

NO.	MUNSELL NOTATION	R	G	B	E
1036	5 P 3 / 1	34	29	37	31
1037	5 P 2.5 / 1	26	23	30	24
1038	5 P 9 / 2	182	175	179	177
1039	5 P 8 / 2	166	157	164	160
1040	5 P 7 / 2	143	133	145	137
1041	5 P 6 / 2	117	107	119	111
1042	5 P 5 / 2	94	81	95	86
1043	5 P 4 / 2	65	50	69	56
1044	5 P 3 / 2	37	28	43	32
1045	5 P 2.5 / 2	32	24	36	27
1046	5 P 8 / 4	173	158	177	164
1047	5 P 7 / 4	147	131	153	138
1048	5 P 6 / 4	125	109	132	116
1049	5 P 5 / 4	101	80	107	89
1050	5 P 4 / 4	76	50	85	61
1051	5 P 3 / 4	41	25	50	32
1052	5 P 2.5 / 4	37	22	37	28
1053	5 P 7 / 6	152	129	161	139
1054	5 P 6 / 6	129	103	139	114
1055	5 P 5 / 6	106	77	119	90
1056	5 P 4 / 6	81	46	92	61
1057	5 P 3 / 6	55	23	60	36
1058	5 P 2.5 / 6	42	19	45	29
1059	5 P 7 / 8	153	126	165	138
1060	5 P 6 / 8	133	99	146	114
1061	5 P 5 / 8	112	73	126	90

续表

NO.	MUNSELL NOTATION	R	G	B	E
1062	5 P 4 / 8	87	44	101	63
1063	5 P 3 / 8	57	23	69	38
1064	5 P 5 / 10	121	70	133	92
1065	5 P 4 / 10	91	42	109	64
1066	7.5 P 9 / 2	183	175	178	177
1067	7.5 P 8 / 2	159	150	157	153
1068	7.5 P 7 / 2	144	131	139	135
1069	7.5 P 6 / 2	120	106	117	111
1070	7.5 P 5 / 2	98	79	94	86
1071	7.5 P 4 / 2	68	49	67	56
1072	7.5 P 3 / 2	42	29	43	34
1073	7.5 P 2.5 / 2	28	20	29	23
1074	7.5 P 8 / 4	170	150	165	157
1075	7.5 P 7 / 4	154	130	150	139
1076	7.5 P 6 / 4	128	104	124	113
1077	7.5 P 5 / 4	104	78	103	88
1078	7.5 P 4 / 4	76	44	77	57
1079	7.5 P 3 / 4	50	26	48	35
1080	7.5 P 2.5 / 4	42	21	42	29
1081	7.5 P 8 / 6	179	149	173	160
1082	7.5 P 7 / 6	165	130	158	143
1083	7.5 P 6 / 6	138	102	134	116
1084	7.5 P 5 / 6	114	74	114	90
1085	7.5 P 4 / 6	88	45	87	62
1086	7.5 P 3 / 6	65	23	59	39
1087	7.5 P 7 / 8	167	123	158	140

续表

NO.	MUNSELL NOTATION	R	G	B	E
1088	7.5 P 6 / 8	146	101	143	119
1089	7.5 P 5 / 8	125	70	123	92
1090	7.5 P 4 / 8	95	38	93	61
1091	7.5 P 3 / 8	71	22	66	41
1092	7.5 P 6 / 10	145	95	144	115
1093	7.5 P 5 / 10	132	65	130	92
1094	7.5 P 4 / 10	102	38	102	64
1095	10 P 9 / 1	182	174	175	176
1096	10 P 8 / 1	160	153	157	155
1097	10 P 7 / 1	140	131	136	134
1098	10 P 6 / 1	118	109	116	112
1099	10 P 5 / 1	93	82	87	85
1100	10 P 4 / 1	63	50	58	54
1101	10 P 3 / 1	38	31	35	33
1102	10 P 2.5 / 1	32	23	30	26
1103	10 P 9 / 2	189	176	181	180
1104	10 P 8 / 2	165	152	158	156
1105	10 P 7 / 2	145	130	139	135
1106	10 P 6 / 2	125	107	119	113
1107	10 P 5 / 2	100	80	93	87
1108	10 P 4 / 2	76	51	69	60
1109	10 P 3 / 2	45	29	43	35
1110	10 P 2.5 / 2	36	22	33	27
1111	10 P 8 / 4	177	153	167	161
1112	10 P 7 / 4	154	128	145	137
1113	10 P 6 / 4	134	104	124	115

续表

NO.	MUNSELL NOTATION	R	G	B	E
1114	10 P 5 / 4	113	78	104	91
1115	10 P 4 / 4	85	47	76	61
1116	10 P 3 / 4	55	28	49	38
1117	10 P 2.5 / 4	48	21	42	31
1118	10 P 8 / 6	188	150	175	164
1119	10 P 7 / 6	167	125	151	140
1120	10 P 6 / 6	146	100	133	117
1121	10 P 5 / 6	121	73	111	91
1122	10 P 4 / 6	96	43	85	63
1123	10 P 3 / 6	66	23	55	39
1124	10 P 7 / 8	174	122	157	141
1125	10 P 6 / 8	155	98	139	119
1126	10 P 5 / 8	133	68	120	93
1127	10 P 4 / 8	106	41	95	66
1128	10 P 3 / 8	80	23	66	44
1129	10 P 6 / 10	162	93	146	119
1130	10 P 5 / 10	138	62	122	91
1131	10 P 4 / 10	115	39	99	68
1132	10 P 5 / 12	139	58	121	89
1133	2.5 RP 9 / 2	184	172	174	175
1134	2.5 RP 8 / 2	166	153	158	157
1135	2.5 RP 7 / 2	142	127	134	132
1136	2.5 RP 6 / 2	123	105	113	111
1137	2.5 RP 5 / 2	96	77	85	83
1138	2.5 RP 4 / 2	73	47	62	56
1139	2.5 RP 3 / 2	46	28	38	34

续表

NO.	MUNSELL NOTATION	R	G	B	E
1140	2.5 RP 2.5 / 2	36	21	30	26
1141	2.5 RP 8 / 4	181	151	163	161
1142	2.5 RP 7 / 4	152	122	136	132
1143	2.5 RP 6 / 4	135	100	118	112
1144	2.5 RP 5 / 4	109	72	94	85
1145	2.5 RP 4 / 4	89	44	69	60
1146	2.5 RP 3 / 4	61	24	43	37
1147	2.5 RP 2.5 / 4	51	20	37	31
1148	2.5 RP 8 / 6	191	146	165	161
1149	2.5 RP 7 / 6	164	116	142	133
1150	2.5 RP 6 / 6	148	97	124	115
1151	2.5 RP 5 / 6	124	68	101	88
1152	2.5 RP 4 / 6	100	41	75	62
1153	2.5 RP 3 / 6	71	23	49	40
1154	2.5 RP 7 / 8	175	116	148	137
1155	2.5 RP 6 / 8	156	92	130	115
1156	2.5 RP 5 / 8	135	62	104	88
1157	2.5 RP 4 / 8	104	35	78	60
1158	2.5 RP 7 / 10	182	114	151	138
1159	2.5 RP 6 / 10	168	90	136	118
1160	2.5 RP 5 / 10	141	56	111	87
1161	2.5 RP 4 / 10	119	32	88	64
1162	2.5 RP 6 / 12	169	85	135	115
1163	2.5 RP 5 / 12	147	53	115	88
1164	5 RP 9 / 1	188	178	177	180
1165	5 RP 8 / 1	161	153	156	155

续表

NO.	MUNSELL NOTATION	R	G	B	E
1166	5 RP 7 / 1	145	134	138	137
1167	5 RP 6 / 1	117	104	109	108
1168	5 RP 5 / 1	96	81	88	86
1169	5 RP 4 / 1	66	48	56	54
1170	5 RP 3 / 1	41	30	34	33
1171	5 RP 2.5 / 1	33	22	27	25
1172	5 RP 9 / 2	191	177	178	181
1173	5 RP 8 / 2	168	151	155	156
1174	5 RP 7 / 2	150	128	136	135
1175	5 RP 6 / 2	128	105	113	112
1176	5 RP 5 / 2	101	76	86	84
1177	5 RP 4 / 2	78	48	60	58
1178	5 RP 3 / 2	50	28	37	35
1179	5 RP 2.5 / 2	40	22	30	28
1180	5 RP 8 / 4	182	148	158	159
1181	5 RP 7 / 4	164	126	137	138
1182	5 RP 6 / 4	142	104	117	116
1183	5 RP 5 / 4	118	73	90	88
1184	5 RP 4 / 4	95	46	64	62
1185	5 RP 3 / 4	65	26	41	39
1186	5 RP 2.5 / 4	50	22	33	31
1187	5 RP 8 / 6	193	144	159	160
1188	5 RP 7 / 6	175	121	141	139
1189	5 RP 6 / 6	156	96	118	116
1190	5 RP 5 / 6	131	66	94	88
1191	5 RP 4 / 6	108	41	72	64

续表

NO.	MUNSELL NOTATION	R	G	B	E
1192	5 RP 3 / 6	79	24	44	42
1193	5 RP 7 / 8	184	118	142	140
1194	5 RP 6 / 8	160	89	119	113
1195	5 RP 5 / 8	142	60	96	88
1196	5 RP 4 / 8	121	37	74	66
1197	5 RP 6 / 10	172	84	122	114
1198	5 RP 5 / 10	151	53	98	87
1199	5 RP 4 / 10	130	33	75	66
1200	5 RP 5 / 12	157	48	101	86
1201	5 RP 4 / 12	130	29	75	64
1202	7.5 RP 9 / 2	193	176	178	181
1203	7.5 RP 8 / 2	172	154	156	159
1204	7.5 RP 7 / 2	149	126	132	133
1205	7.5 RP 6 / 2	124	101	107	108
1206	7.5 RP 5 / 2	105	78	85	86
1207	7.5 RP 4 / 2	79	47	54	57
1208	7.5 RP 3 / 2	50	25	32	33
1209	7.5 RP 2.5 / 2	36	21	28	26
1210	7.5 RP 8 / 4	186	149	155	160
1211	7.5 RP 7 / 4	163	126	132	137
1212	7.5 RP 6 / 4	140	100	112	113
1213	7.5 RP 5 / 4	121	71	84	87
1214	7.5 RP 4 / 4	91	41	54	57
1215	7.5 RP 3 / 4	69	23	35	38
1216	7.5 RP 2.5 / 4	44	19	28	27
1217	7.5 RP 8 / 6	195	143	152	159

续表

NO.	MUNSELL NOTATION	R	G	B	E
1218	7.5 RP 7 / 6	174	118	133	136
1219	7.5 RP 6 / 6	155	91	111	112
1220	7.5 RP 5 / 6	132	60	85	84
1221	7.5 RP 4 / 6	105	38	57	60
1222	7.5 RP 3 / 6	66	20	32	35
1223	7.5 RP 7 / 8	189	114	133	138
1224	7.5 RP 6 / 8	167	90	112	115
1225	7.5 RP 5 / 8	141	56	85	84
1226	7.5 RP 4 / 8	119	31	57	60
1227	7.5 RP 6 / 10	176	83	113	114
1228	7.5 RP 5 / 10	154	51	86	85
1229	7.5 RP 4 / 10	126	28	57	60
1230	7.5 RP 5 / 12	158	43	86	82
1231	7.5 RP 4 / 12	129	27	62	61
1232	10 RP 9 / 1	184	174	171	176
1233	10 RP 8 / 1	167	155	157	158
1234	10 RP 7 / 1	144	132	134	135
1235	10 RP 6 / 1	123	106	110	111
1236	10 RP 5 / 1	98	81	87	86
1237	10 RP 4 / 1	65	46	51	52
1238	10 RP 3 / 1	42	28	31	32
1239	10 RP 2.5 / 1	33	22	26	25
1240	10 RP 9 / 2	187	174	172	177
1241	10 RP 8 / 2	172	155	157	160
1242	10 RP 7 / 2	153	132	135	138
1243	10 RP 6 / 2	130	103	108	111

续表

NO.	MUNSELL NOTATION	R	G	B	E
1244	10 RP 5 / 2	104	77	82	85
1245	10 RP 4 / 2	80	47	54	57
1246	10 RP 3 / 2	53	29	33	36
1247	10 RP 2.5 / 2	40	23	27	28
1248	10 RP 8 / 4	188	150	153	161
1249	10 RP 7 / 4	170	127	133	140
1250	10 RP 6 / 4	144	99	108	113
1251	10 RP 5 / 4	124	72	81	88
1252	10 RP 4 / 4	94	40	50	57
1253	10 RP 3 / 4	71	24	30	38
1254	10 RP 2.5 / 4	50	20	30	31
1255	10 RP 8 / 6	203	146	153	163
1256	10 RP 7 / 6	182	120	131	139
1257	10 RP 6 / 6	156	90	103	111
1258	10 RP 5 / 6	135	65	80	87
1259	10 RP 4 / 6	111	37	50	60
1260	10 RP 3 / 6	85	21	33	41
1261	10 RP 7 / 8	190	114	128	138
1262	10 RP 6 / 8	167	84	102	110
1263	10 RP 5 / 8	146	56	78	85
1264	10 RP 4 / 8	119	30	48	58
1265	10 RP 6 / 10	175	78	99	109
1266	10 RP 5 / 10	156	50	76	84
1267	10 RP 4 / 10	132	31	53	63
1268	10 RP 5 / 12	166	48	76	86
1269	10 RP 4 / 12	134	24	49	59